框架的胜利

陈晶

著

北京联合出版公司
Beijing United Publishing Co.,Ltd.

图书在版编目（CIP）数据

框架的胜利 / 陈晶著. -- 北京 ： 北京联合出版公司, 2025. 4. （2025.7重印）-- ISBN 978-7-5596-8385-4

Ⅰ. B842.5-49

中国国家版本馆CIP数据核字第20259KN965号

框架的胜利

作　　者：陈　晶
出　品　人：赵红仕
责任编辑：孙志文

北京联合出版公司出版
（北京市西城区德外大街 83 号楼 9 层　100088）
三河市中晟雅豪印务有限公司　新华书店经销
字数 152 千字　880 毫米 × 1230 毫米　1/32　印张 7.375
2025 年 4 月第 1 版　2025 年 7 月第 2 次印刷
ISBN 978-7-5596-8385-4
定价：59.80 元

这个世界的运转方式和你想象的不一样

锚定问题：如果躺不平，怎么"卷"才有意义？

现在的一些年轻人经常喊着要"躺平"。

当社会的阶层流动性下降，各阶层之间相对封闭的时候，"躺平"似乎就成了很多人的不二之选。因为他们发现，自己再怎么折腾也难以向上"流动"。

事实上，我国的阶层流动性仍处于强流动性阶段。虽然拼命折腾的人不一定能上升，但彻底"躺平"的人一定会下滑。因此，现在还不是"躺平"的时候。

折腾不折腾，与一个人所处的阶层密切相关。我听过这样一句话：富人不折腾，一辈子都是富人；穷人不折腾，一辈子都是穷人。对富人来说，关键是不要盲目折腾，而穷人一定要使劲折腾。穷人如果不折腾，不仅不会维持现状，反而会越来越差。

我还是鼓励年轻人折腾的，哪怕不去创业，也要把自己当作产品用心经营。

有些人性格比较沉稳，喜欢在职场中本本分分地工作，不想创业，甚至认为创业就是瞎折腾。可我想说的是，本本分分地工作，早晚有无法"躺平"的一天，最终还是要主动求变。那些在职场中表现出色的人，都是具备框架思维的人，都像创业者一样踏实做事，因此他们注定会脱颖而出。

　　那些选择"躺平"的职场人，看似每天安稳度日还能拿到应得的工资，实际上是有人替他们负重前行，解决了很多他们看不见的问题。正是因为大部分风险都被别人承担了，他们才得以岁月静好。当然，这也是他们工作五年、十年，甚至一辈子收入都难以提高的根本原因。

　　一个职场人，如果能感受到真实的环境有多么严峻，就绝不会甘愿"躺平"。试想一下，如果一个人每天按时上下班，回家后不是看综艺就是玩游戏，完全不思考任何与工作相关的事情。这样的生活表面上无可厚非，但长期如此，他就把自己封闭在一个信息匮乏的环境中，这就是他为自己建造的"信息茧房"。他以为这样很安全，实则是因为对外面的世界一无所知。

　　比如说，有个专门处理劳动合同的法务，终其一生就只做这一件事。这样工作十年后，他的性价比可能还不如一个应届毕业生。因为他所做的工作过于机械和重复，只是个"SOP（Standard Operating Procedure，标准作业程序）工具人"。

　　如果你也是这样的一个人，你执行的标准作业程序终将把你取代。虽然从个人角度来看，你会觉得公司不近人情。但从老板的角度来看，淘汰这类员工对公司发展是有益的。你要明白，所有老板都需要权衡盈亏。

职场人应该始终保持竞争力，无论在公司内部还是外部，都要有能力把自己当成产品"卖"出去，而不是寄希望于并不存在的"铁饭碗"。

无论在什么样的公司，我都能找准自己的定位。即便成为个体户，开设小工作室，我照样能活得很好，并且获得可观的收入。我认为，当代年轻人就应当具备这样的底气。

摒弃旧框架：努力了一辈子，还是个打工人

写这本书，我投入了一年多的时间。最初，我并未明确设定目标读者群体，只是想把自己多年创业的经验教训记录下来，希望能帮助年轻人少走一些弯路。

最需要读这本书的，并非已经成功的人，而是那些缺乏资源、人脉和背景的"小镇做题家"、职场打工人，以及想成为个体户、想创业、想向上跃迁的人。他们自身缺乏资源、人脉和背景，父母也给不了任何有效的建议，同时又不知道该向谁寻求帮助。

我希望能帮助更多与我当年处境相似的人走出困境，闯出自己的一片天地。三年前，我还是一名普通职员，觉得"创业"遥不可及，认为创业难度很大。**我觉得要想出人头地，就必须好好打工，必须给老板创造价值，否则就是个"废物"，是个没有价值的人。**

事实上，我当年遵循的"传统脚本"——按部就班求学、凭学历就业、靠资历晋升，对现在的年轻人来说已经不够友好。如今学历的含金量不断降低，以前本科毕业就能获得不错的收入，而现在，等你硕士研究生甚至博士研究生毕业后，你会发现市场已趋于饱和，月薪可能只有当年本科毕业生的一半。

进入职场就意味着进入了他人制定的游戏规则中。这个规则有其固有的框架，在其中你只是一个小角色，更多是被动接受。**简而言之，你是入局者，而非做局者。在这种处境下，很难实现觉醒，也很难跳出既定框架。**

你缺乏跳出框架的勇气。勇气的缺失源于认知的不足，源于没有人指点，没有人告诉你该怎么做。所以，我希望成为那个指点和鼓励你的人。

我是一个没有家庭背景，没有人脉资源的人。从创业至今，我主要靠自己一步一步打拼。我常想，如果当时有人能够帮助我，指点指点我，或许我会更有勇气，创业之路会更顺畅，也能少走许多弯路。

建立新框架：要变强，就要用强者的框架

人永远无法挣到认知以外的钱。

当我自己赚到第一个1000万元时，第一个感觉是：原来这件事这么简单！按照我以前的思维逻辑——"传统脚本"，挣1000万元是件极其困难的事情。如果作为普通打工人，年薪10万元，

需要100年不吃不喝才能存到1000万元。如果能通过努力赚到100万元，那么1000万元需要付出十倍的努力。光是这样想想就让人望而却步。

但当我真的赚到1000万元时，我才发现这件事没有想象的那么困难，这让我觉得很震惊。

其实这里面的逻辑很简单，用1+1的框架去计算，从1加到1000确实很累；但如果用10+10的框架，或者100+100的框架，甚至可以更大胆一点，采用乘法的框架，想达到1000就容易得多。

想挣1000万元，关键在于拥有好的框架。这个框架中最重要的是定位，其次是优质产品，第三是要让"赚钱机器"持续运转。以"做博主"为例，从公域直播间到私域社群，从流量到销量，要形成良性循环。这个赚钱机器的每一环都不能出现问题。

虽然很多人都在谈论"框架"，但市面上还没有一本书能完整阐释框架的概念。我写书的目的不是为了讲清楚什么是框架，而是为普通人提供一些创业、做IP、个人成长等方面的建议。

在任一领域，强者的框架都包含这几个要素：定义问题、抓住关键、找到本质、设计策略。

框架是帮助我们在复杂的事物中抓住问题本质的工具。框架并不直接告诉我们如何致富、如何成功，而是帮助我们深入思考。现在很多人都喜欢随大流，觉得别人能通过这件事赚钱，自己照做也能成功。但大多数人并未真正获利，因为他们复刻的只有外在行为，而无法复刻成功者的思维模式，并未深入思考过他人成事的底层逻辑。

我们每个人手里都有一个预设的人生脚本：从优质小学到重点中学，再到名牌大学，之后继续深造取得硕士学位，找到好工作，最后找个合适的另一半结婚生子。这是一个极具普适性的人生脚本，所有遵循者最终都成了"普通人"。

但是，你是否思考过这个脚本的正确性和有效性？仅仅因为99%的人都在按此脚本行事，就应该盲从吗？

我看未必。打工的本质，就是成为别人牌桌上的筹码。谁能获得最高收益呢？自然是那些拥有自己牌桌的人。你在别人的游戏框架里，又怎能真正赚到钱呢？

我写这本书，不是让你变得像我一样，更不是让你来我的"牌桌"陪我玩。我希望你能跳出框架，跳出别人的体系，跳下别人的"牌桌"，成为自己设立"牌桌"、自己设定游戏规则的人。你会发现这个世界有很多套游戏规则，有很多个脚本，有无限的可能性。

我希望这本书能成为改变你的一个起点，在你心中种下一颗小小的种子。也许你现在还没有创业的打算，但在将来的某一天，当你计划创业时，能够在冥冥之中回想起这本书的内容，锚定前进的方向，找到心中的答案。

没有哪一本书能够告诉你世界究竟是如何运转的，但这本书能让你意识到，这个世界的运转方式或许与你想象的不一样。

目录

1 **框架是思维和决策模型**

1

框架是思维和
决策模型

人生的胜利，是框架的胜利

人与人之间的差距，是框架的差距

你有没有发现，人生就是一道又一道的选择题，但99%的选择题选对选错其实并不重要，只有少数几个选择会真正影响我们的生活质量、财富水平和幸福指数。

1%的重要决策，决定着我们的命运。

但是，绝大部分人意识不到框架的存在，如果能意识到框架并构建起相应的思维模型，你就已经赢在起点了。

人生的胜利，本质上是框架的胜利

整个人类社会都是在框架和规律的推动下不断向前发展的。

你可能会好奇，什么是框架？

框架，就是从点到线、从线到面、从面到体的整个思维过程，是由一个个思维模型和决策模型构成的系统。

当你尝试解决人生问题时，如果能在众多变量中找到规律，就能大幅提高你的人生效率。

你的人生选择，其实就是你要解决什么问题。一般来说，人生要解决的核心问题包括创业、赚钱、亲密关系的处理和建立影响力。这几个问题解决了，你的人生框架就基本构建起来了。

我一直试图告诉身边的每一个人，一定要把自己产品化、系统化，要把自己当成一个AI大数据模型，不断地修炼自己的框架和系统。

任何人做任何事，都应该在自己的框架之内。而且，一个人的成就越大，框架感就越强。我们身边成功的人大多有迹可循，这些成功的规律和框架是可以被总结出来的。

一个人成功过，就会形成一套成功的方法论，他会反复运用这套方法论去获得新的成功。即使换个行业、换个思路、换个玩法，他依然能够成功。我们身边绝大多数成功人士都是这样，这就是所谓的"一招鲜，吃遍天"。

当然，在建立框架的过程中，必然会遇到各种挑战。

马斯克在接受采访时说："人生的挑战之一，就是确保你拥有一个纠正性反馈回路。然后随着时间的推移，保持这种纠正性反馈循环，即使别人不愿意告诉你你想听的。这个真的很难。"

为什么难？因为对马斯克这样的人物来说，最重要的是做各种有效的决策，以促进公司不断"进化"。要实现这一目标，就必须确保能持续获取高质量且不断迭代的信息。为了避免自己陷入褊狭，拥有纠正性反馈循环就显得尤为重要。

这个循环系统，其实就是马斯克的行事框架，对他的成功起到了至关重要的作用。

一个人一次赢，可能是偶然；但次次赢，一定是策略的胜利、框架的胜利。连续成功的人，一定有自己的框架。

跟每个人打交道的时候，你都能感觉到他身上有一套独特的运行机制，有一套属于他的决策逻辑。

我们要做的，就是学习像马斯克这样的人，他们是如何思考、如何做决策的。这种决策逻辑和思维框架，才是最有价值的。

所以说，建立属于自己的框架至关重要。

框架，就是你的人生算法。

但你要记住，不要过早陷入细节。

人生幸福的框架

很多人都喜欢在办公室里挂上一幅字：天道酬勤。"努力""拼搏"是我们中国人的朴素道德观。

但是，我建议你们以后挂"框架"两个字。对框架的重视和认知，是我们成功的基石，也是绝大多数人不具备的思维模型。

我来举例说明吧。

我先问大家：一个人一生会做无数的决策，从决定每天穿什么衣服，到袜子选什么颜色，再到外卖点哪家……好像每件事都很重要，于是他陷入忙忙碌碌的虚无中，误认为自己做的每件事都同等重要。

但我要问你：真正决定一个人是否过得幸福的，是哪几个重要决策？

当你的大脑开始急速运转的时候，这些问题的答案就是框架，人生幸福的框架。

好了，我告诉你我的答案吧。

一个普通人，一生最重要的不过三件事。

第一，选择在哪个城市生活。
第二，选择什么样的结婚对象。
第三，人生第一套房子买在哪里。

这三个重大决策，将决定你一生的命运走向。

为什么这么说？

第一，在哪个城市生活，决定了你未来获取财富机会的多寡。大城市的人才密度和职业多元性，能为你创造更多的发展机会和赚钱可能。

第二，你的伴侣，决定了你工作之外的幸福指数。

第三，人生第一套房子是夫妻双方家庭共同做出的最大的一笔投资决策。这笔投资决策做对了，就意味着你们的财富得到了最好的保障！

换言之，这三件事决定了你的整体生活质量。如果这三个关键决策把握不好，你会过得很累、很辛苦，难以获得真正的幸福和快乐。

看趋势、看红利

> **所有成事的框架中，最重要的不是努力，而是趋势。**

绝大部分人的努力是微不足道的，这并非说努力不重要，而是如果单靠努力就能致富，那世界首富就应该是一头驴。

趋势，就是人力所不能及的范畴。人的努力无法改变的部分，就是趋势。即便是英雄豪杰，也无法阻挡趋势的进程和周期的规律。

因此，如果今天的你想改变命运，就必须深刻理解"趋势"二字。

你可以努力回想一下，过去几十年决定你人生命运和生活质量的，是你的努力，还是你偶然踩中命运的鼓点、趋势的红利所给你带来的？

> **越是出身贫寒的孩子，越应该学会利用趋势，因为你背后没有人脉、没有资源、没有背景，也没有能指点你的高人。**

人是一切事的前提

问你一个问题：想要成事，是人重要还是事重要？

答案是：人永远优先于事。

大多数时候，普通人的思维是本末倒置的。他们会先考虑项目怎么样、这个事怎么样，然后才会思考自己要怎么做，最后再考虑要和谁一起做这件事。

普通人往往只能看到事的层面，却忽视了人的重要性。

与人接触时，我们应该努力探索对方的认知和思维模型。再用这套思维模型去落地、去实践，在社会中找到合适的变现方式。

赚钱有上万种方式，但你首先得明白人有多重要。

> **人生的胜利是框架的胜利，赚钱的能力本质上是构建框架的能力。**

同行业中，即使你的技术不如对手，但只要你的框架远胜于他，你就能取得成功。

绝大多数人，都是知道却做不到，因为光知道是不够的，还要相信。99%的人都是看到结果才会相信，只有1%的人愿意在看到结果之前就选择相信。你要改变思维方式，同时要有预算、有结果导向。

马云当年说"我要让天下没有难做的生意"的时候，没人相信他能改变世界。我虽然无法与他相提并论，但我坚信"因为相信，所以看见"。

我希望传递一种信念，在每个人心中种下一颗种子。无论你是个打工者，还是正处于失业状态，又或者是创业失败、背负债务，我都想告诉你，人生的胜利是框架的胜利，只要持续用正确的框架做事，所有的结果最终都会均值回归，你终将取得令人瞩目的成就。

> 做任何事情，关键点都不超过三个，哪怕是经营一家市值100亿元的企业也是如此。所以，你应该投入足够的时间研究题干，找出决策的关键点，再着手行动。

人在做决策时，往往会独自冥思苦想，甚至凭感觉行事。

比如，一个人决定创业，看到奶茶店的生意兴隆，就盲目地投入其中，遇到问题时又独自苦苦寻求对策。

其实，99%的问题都有标准答案，切忌闭门造车。尤其在涉及人生重大框架选择时，一定要确保向那些有学识、有阅历的人请教。

当你选择大学、决定是否去大城市、挑选工作、选择伴侣、购买人生第一套房、犹豫是否创业的时候……在面对每一个人生重大决策时，我都希望你想一想：自己的决策框架是什么？

读到这里，我想请大家思考两个问题。

如果你是创业者，回想一下：带来巨大收益的决策是如何做出的？如果你是职场人士，思考一下：职业发展最快的那段时期，你究竟做对了什么？

打工不是人生归宿

皮克斯有一部影片《快乐的大脚2》，讲述了一只生活在海洋中的磷虾威尔，渴望探索磷虾群之外的世界的故事。在冲破艰难险阻之后，它终于来到了虾群的外面，却发现磷虾们终其一生所追求的意义，不过是成为蓝鲸的食物。

一头蓝鲸一天要消耗数吨磷虾，对蓝鲸来说，一个磷虾族群不过是一顿午餐而已。

在我经历过打工、投资、创业三重身份转变之后，我就像是那只冲出虾群的磷虾威尔，突然意识到自己过去接受的教育和知识体系，也不过是另一种形式的束缚。

> 我曾经认为所有极具价值的一切，某种程度上也只是在服务更大的体系而已。

我说出这个残酷的真相，恐怕会让很多打工者感到不适，甚至产生强烈的抵触情绪。

但这是真的，我的朋友，不管你多难相信，这都是真相：

> "小镇做题家"永远只活在"出题人"的游戏规则里。

稳定性，就是巴甫洛夫的铃声

> 创业以后，我发现一件事：稳定和冒险一样，是会让人上瘾的。

我们这些来自农村的"小镇做题家"，非常擅长解题。这种在明确游戏规则下追求最优成绩的思维惯性，已经在我们接受的教育中被反复训练了十几年。

想要改变这种惯性，谈何容易？

当你习惯了这种"做题"的思维框架时，你必然会对确定性高的事物产生一种迷之向往。因为"确定性高"意味着即便是在千万人的竞争中，你也能找到解决之道。

> 每月发薪日工资准时到账的声音，是一种有魔力的金币落袋声。它如同巴甫洛夫实验中的铃声，铃声响起时，即便没有狗粮，猎狗们也会不自觉地分泌口水，产生向往。

这种稳定性，怎能不让人上瘾？

而做题家永远无法理解出题人。因为出题人做的事情既不体面也不稳定，做题家却幻想着通过出色的做题能力，能够跻身出题人那张利益分配的牌桌上。

殊不知，出题人在历经无数的风雨、承担极大风险之后，面对取之不尽、用之不竭的解题能手时，永远不会让做题家上牌桌，却总会释放出希望和信号。

完美主义是人生大敌

完美主义的人，往往都是优秀的做题家。

但能够胜出的出题人，是没有那么多时间去追求完美的，因为时机转瞬即逝。

这些出题人所做的事情，往往非常粗糙、简略，看似缺乏工匠精神。

而做题的人，才会追求所谓的工匠精神。因为他们可以用几十年的时间，在一个岗位上精雕细琢。

如果你想摆脱做题家思维，首先要学会抛弃完美主义。

我老公是接受传统教育长大的人，他做事总是脚踏实地、一步一个脚印，从1到100，慢慢地、线性地积累，他的思维模型非常具有代表性。

有一次，他想去宝马面试，但宝马是外企，需要用全英文面试。我鼓励他去尝试一下，但他说至少得一年之后才能去。当我问他原因时，他说："我得先背好英文单词啊，打好基础，接着练好口语，然后才能去参加外企面试。"

他认为"我得先背单词，先从abandon（抛弃、遗弃的意思。这是大部分英文词典中出现的第一个单词）开始，一个个背下所有雅思口语词汇"。

我听完以后哈哈大笑，按照这种说法，外企里就不会有草台班子了。

如果换作是我，想要3个月内入职宝马，我会选择花1万块钱参加一个速成式的外教面试培训班，专门针对宝马公司所有的面试题做口语准备，等进公司以后再继续背单词也不迟。剩下的时间，我会通过社交关系去了解这个岗位的具体需求和关键人物。

你看，在我的思维模式里，"英语口语"并不是一件很重要的事。相信我，在外企工作也不需要特别出色的口语水平。有时候，解决一个问题只需要搞定关键部分就够了。我们无须力求完美地雕琢口语能力。

"我不会"和"我可以学"

我这辈子最讨厌的一句话，大概就是："我不会。"

每次听到这句话，我都要青筋暴起，怒目而视，想看看说这句话的到底是什么样的人。

自从创业以后，我身边很多"打工人"朋友经常问我创业的赛道和方法，他们总是对我说："我想转型，可是我不知道做什么。"

当我热情洋溢地花了两个小时分析后告诉他一个绝佳的方向时，他用迷茫、呆滞的眼神看向我，然后张口说了三个大字："我不会。"

我会在心里默念：成就他人命运，放下助人情结。

其实，喜欢说"我不会"的人，都是在传统教育和做题思维模型下被反复驯化的，因为在学校里、职场里，都是有导师的，做错事有人给你兜底，如果你说"我不会"，就会有人教你。

当你走入真实的创业世界时，社会会告诉你，不会就难以生存。

只有温室里的花朵，才会露出那种迷茫眼神，才会有那种巨婴式的委屈，说"我不会呀"。

有出题人思维的人，第一反应不会像很多人一样说"我不会，我做不到"。他们通常会说"我不会，但我可以学"或者思考"我能不能让会的人帮我做"来解决问题。

在他们的思维框架里，无论是做课程还是做产品，"我不会"都不是决定性的因素。不会做可以去学习，可以和别人合作，也可以付费让别人去做。只要想做，会有一万种方法解决"我不会"的问题。

李志刚在《九败一胜》这本书中提到，企业家王兴的公司新招了一个女员工，他们在一起讨论一项新技术的时候，这个女员工说"这件事我还不会，但我可以学"。这句话让王兴很震惊，立刻对这个员工另眼相看。

> "我不会"和"我可以学"是两种不同的心态，代表了截然不同的两条人生路径。当你面对新的问题、趋势、红利和困难时，你脑海中的第一反应是什么，就决定了你是什么样的人。

两条截然不同的人生路径，决定了两种不同的人生结局。

"我可以学"是具有战略能力的表现。

其实，并非所有的事情都要逼着自己说"我什么都可以学"。只有重要的问题，才需要全身心投入地去学习和解决。如果某个问题不重要，学来干什么呢？

所以，"我可以学"其实是在战略判断值不值后的一种心态。

所以，我的朋友，再也不要问完我的建议以后，睁大你清澈又迷茫的双眼，问我"我不会怎么办？"我也无能为力，只有你能帮自己了。

打工的目的是不打工

互联网上有个笑话，"我打工的目的，就是为了能够有一天不用工作"。

不管是创业，还是打工，请别忘记我们想赚钱、想实现财富自由的目的是什么。

是自由，是获得时间的自由，获得闲下来的自由。

打工不是我们人生的归宿，但是我们或多或少都要经历一定的职场生涯才能找到合适的创业机会，如果已经在打工了，那么到底怎么干？

别为你的平庸找借口

打工容易成为平庸之辈的挡箭牌。他们会说，兢兢业业打工是没有意义的，做好工作也是没有意义的，这完全是曲解了这句话的本意。

平庸的人走到哪里都是平庸的，会游泳的人换多少个游泳池都能游。

优秀的人，往往优秀得很明显。他们不会是石破天惊，忽然出道，以前做工作的时候非常差，创业后就变得优秀。

对于一个农村的孩子来说，职场中积累的两把刷子，往往是创业唯一的底牌。如果连这张唯一的牌都没拿好，那你凭什么认为在更加残酷的创业世界里能胜出？

在家里的游泳池都游不明白，放到汪洋大海里就无异于送死。

所以，职场上的朋友，你一定要成为行业的佼佼者甚至专家，这样就意味着你手里多了一张可以打出来的牌。

我身边很多优秀的短视频操盘手，原来都是公众号编辑，或者做广告营销的，任何行业的专业技能积累到一定程度时，都是可以触类旁通的。

他们过去不是不优秀，只是缺乏舞台和时机。

新媒体是普通人最好的创业平台

出题人的世界荆棘丛生，他们竖立起高高的城墙，建立了复杂的游戏规则，雇用着无数的聪明人为他们防御。

一个"小镇做题家"，想要在创业世界里找到一个切入点，真的是难如登天。

> 每张既得利益的牌桌上，都坐满了人，他们是不会轻易下桌的。

对于做题家来说，只有放弃这些已有的牌桌，去建立新的牌桌，建立新的游戏规则，才有一线生机。

新媒体创业，可以说是所有创业方式中最公平的一种。在这个创业舞台上，有钱的、有权的、有名的和什么都没有的你，同台竞技。这里只考验你的内容能力，创作出好的内容，就会有源源不断的流量和客户。

如果你从未创过业，我告诉你创业第一课的真谛：

> 找到源源不断的客户，你的公司就能活下去。

我在短视频平台赚到了属于我的第一个1000万元，你觉得我是比其他投资人更天赋卓绝，还是我家里有矿？

我什么都不是，我只是明白了一个道理：**普通人创业，最应该**

从新媒体入手。媒体杠杆，是普通人能用好的最大的杠杆，在你完成原始积累后，你才有资格去使用其他杠杆。

把自己当成最好的理财产品

有一次我和同事在探讨理财的观念，我的销售告诉我，她现在把5万块放在基金里理财，但是发现财越理越少，5万变成了4万多，把大家逗得直笑。

在会计学里，"资产"的定义是能持续带来现金流的东西。但很多人没有意识到一件事：**你就是最优质的资产。**

> 一个有潜力的年轻人，远远胜过一切理财产品的投资回报率。

我做投资5年，发现很多人都会非常纠结收益率，25%的收益率就超过了股神巴菲特。其实，所有抛开本金谈收益的，都是假大师、假专家。

年轻人根本不需要理财，因为本金太少，理财没有意义。就像我的销售一样，努力理财，最后可能多赚了1000块，但是你会发现，还不如你好好精进销售技能，多成交两个客户赚得多。

还是那句话，不要太上头了，钱不是目的，**财富的本质是持续赚钱的能力，**这样才能让我们获得更大的收益，有更大的自由。

年轻人应该把相当一部分钱，稳定地用于投资自己的"赚钱能力"，把自己当成一个"优质资产"，每年定期保养，及时更换引擎，用最好的材料和零件持续迭代自己。

读到这里，我希望大家思考一个问题：

你有多久没有保养你的赚钱机器了？

发财有没有框架?

收入每相差一个0，都是一种财富框架对另一种财富框架的碾压。

穷人和富人的财富框架

你想象中的"穷人"，是什么样的？

据统计，中国有5.47亿人口月收入仍然低于1000元，月收入低于2000元的人数达到9.64亿，而这些人广泛分布于农村和中西部地区。

现在，中国家庭一年可支配收入的中位数，是5万～6万元人民币，而美国家庭约为6万美元。即使在北京，夫妻俩加起来一年的可支配收入的中位数大概也只有10万元。所以，中国大部分家庭的实际经济状况其实没有大家想象的那么富有。

我做投资的时候，经常发现很多投资经理，是不太了解中国的真实国情的，而且他们往往没有发声渠道。

那么，什么叫富人？

《2020胡润财富报告》提到：截至2019年12月31日，中国拥有600万元人民币以上资产的家庭有501万户，称为"富裕家庭"；拥有千万元人民币资产的高净值家庭有202万户；拥有亿元人民币以上资产的家庭有13万户，这类家庭被称为"超高净值家庭"。

我现在问你一个问题：**穷人为什么穷，富人为什么富？**

我们从结果分析，根据胡润财富的调查，202万户千万元人民币资产的富裕家庭的从业结构，是这样的：

60%是企业主，20%是金领，10%是炒房者，10%是职业股民，如图1-1。

图1-1　千万元人民币资产"高净值家庭"构成

而到了亿元俱乐部里，75%的人是企业主，15%的人是炒房者，10%是职业股民，金领已经从亿元俱乐部里消失了。

◆ 亿元人民币资产“超高净值家庭”构成

75% 企业主

亿元人民币资产“超高净值家庭”中，企业主的比例占到75%，与上年比例持平。企业资产占其总财富六成以上，他们平均拥有价值2000万元的房产，现金及有价证券占他们总财富的14%。

15% 炒房者

不动产投资者占比较去年增加5~15个百分点。投资性房产占其总财富的比重达七成以上。

10% 职业股民

职业股民占比较去年增加5~10个百分点。现金及有价证券占其总财富八成以上，房产占他们总财富的18%。

图1–2 亿元人民币资产“超高净值家庭”构成

从图1–2中可以看出，在亿元收入群体中，75%都是企业家。实际上，收入在百万元以上的群体里，企业家群体也是主流，大概有50%是企业家，还有一部分是股民。在拥有600万元以上资产的家庭里，还有一部分人是经理。

比如，夫妻俩都在某头部公司上班，年薪百万元，这种家庭就叫“金领家庭”。所以，从数据来看，大部分人要想创造财富还是要靠创业。

穷人和富人在收入上的差距，本质上是一种财富框架和另一种财富框架的差距。

人们往往追求稳定性，所以牺牲了绝大部分收益的上限，富有阶层往往明白，收益和风险是相辅相成的，适当的风险有益于财富增长。

跨越阶层需要“惊险一跃”

跨越阶层，就是从一种财富框架切换到另一种财富框架，可想而知，它不可能是一件简单的事情。

阶层与阶层之间的鸿沟，犹如天堑，单靠人力往往难以跨越。

曾经看过一篇文章，讲述当猎人把一群斑羚逼到悬崖边时，斑羚是如何跨越巨大悬崖的：前面的老斑羚奋力向前奔跑，后面的年轻斑羚在老斑羚即将坠落时，踩在它们的身体上，借助余力，飞跃到对岸，实现种族的延续。

其实我们的家族也是如此，想跨越阶层的鸿沟，就要冒着粉身碎骨的风险，这往往需要几代人的努力，像斑羚一样悲壮，父母为儿女铺路架桥，才能让下一代沿着既有的上升路径跨越阶层。

在这种代与代之间的阶层接力中，单纯的勤奋和努力显得有些力不从心。一个月薪3000元的人，仅靠勤奋和努力达到月入3万元是很难的。一个月薪3万元的人，想靠自己的勤奋赚到月薪30万元，也几乎难以实现。

事实上，这个世界上还有人月入3000万元。但300万元与3000万元之间差了一个位数，这是普通人一生难以企及的高度，然而，月入300万元的人和月入3万元的人，每天都是相同的24小时，差距到底在哪里？

财富和阶层的每次跨越，都是一个财富框架对另一个财富框架的碾压。

阶层跨越的关键，就在于从一个框架到另一个框架。这个过程中，必然要冒风险，必然会有损失，必然经历动荡。

《跨越鸿沟》这本书里讲到一个叫"惊险一跃"的概念，普通人每跨越一个"位数"的阶层，都需要惊险一跃。**这个社会有很多层级，任何时候想跨越阶层，都要将之前几乎全部的积累冒险投入。**

比如，从月薪3000元到月薪3万元，可能需要你鼓起勇气离开小县城到北上广深打拼。

从月入3万元到30万元，可能需要你抛弃过往的积累，开一家淘宝店，需要你去进货、交保证金，解决物流、产品、销售等问题。

从300万元到1000万元，你可能需要押上全部身家，才能博得"位数"晋升的机会。

即便是年收入1亿元的人，想获得10亿元收入时，也需要拿出大部分资金去冒险。

也就是说，收入每增加一位数，都必须承担很大的风险，不冒险就难有突破性收益。

这"惊险一跃"，你敢不敢跳？

在跨越的过程中，要么是你的家族中有人如老斑羚般为你搭桥铺路，要么就是你顺应趋势和红利，借着时代东风渡到了对岸。

> 跨越阶层的过程其实是需要你"洗心革面"的，需要你转变思维和认知，从消费者转变为生产者，从打工人蜕变成创业者，从没有产品到拥有自己的产品，只有抓住当下市场的各种红利，收入才能实现几何级数的增长。

一旦你愿意摆脱对稳定的执着，敢于承担风险，愿意用框架思维做事，善于调动大脑获取财富，你就会发现，后面的事情会变得越来越顺。

要打破既有框架，最好的方式就是多读书。不读书的人往往不知道这个世界上存在如此多的模式、生活方式、赚钱机会、思维方式和看问题的角度。局限的思维会让你只用单一视角和观点看世界。

另外，要适度冒险，勇于尝试未知的领域。比如，你现在正在大厂工作，不妨从副业开始做一些小尝试。

如果你想向上发展，想改变命运和阶层，就要不断尝试新事物。而且，尝试之后还要善于复盘、总结、迭代。把你经历过的人或事总结成一套体系，持续迭代属于你的成事心法、认知模型和框架。

我在直播连麦中听过很多创业故事。其中有位来自江西的阿妹，初中毕业后就到广州打工。工作几年后，她开始经营服装店，年收入十几万元到二十万元。后来她发现汽配行业很挣钱，于是她又豁出去投入其中并获得了可观的收益。随后她投资上千万元打造亲子游泳馆，却遭遇疫情冲击，经营一度困难。

由此可见，普通人的每次逆袭都很惊艳。每次跨越几乎都需要投入大部分积蓄去冒险，才可能获得收入翻10倍的机会。

打破固有思维也存在风险，但风险往往与收益成正比。查理·芒格曾在演讲中谈道：

"要得到你想要的某样东西，最可靠的办法是让你自己配得上它。"

这个黄金法则告诉我们，当你期待某个大的收益时，你要思考自己是否付出了相应的努力，是否承担了相应的风险和责任。当你付出应有的代价，承担相应的责任，最终的成果自然应该由你享受。

先有100万元，还是先有富人思维

在社会中，有人是偶然抓住机会赚到钱后，才逐渐改变思维方式的。而我则是因为投资经历，看到了不同阶层的赚钱模式，即先具备了多元思维，然后才开始创业的。

所以，人究竟是先有100万元还是先有富人思维？这个问题也许本身就是一体两面的。有人是先赚到钱，触发认知的改变，形成富人思维；也有很多人像我一样，因为职业、经历或者阅读，先形成富人思维，再去赚钱。

如今，在互联网短视频平台上，人们不再嘲笑一夜暴富，因为成功者的崛起原因各不相同。但你会发现，那些年入百万元的人思维方式往往相似，他们的思维方式基本上是非线性的。

那么，富人究竟为什么会富呢？

比起钱，富人更爱惜自己的时间

在穷人眼中，钱是优先于时间的，时间可以用来换钱。而在富人眼里，时间比金钱更宝贵。

对时间的态度是一个重要的思维方式，**也是判断一个人是否具有长期发展潜力的关键指标。即便是当下并不富裕的年轻人，从他对待和安排时间的方式，也能看出他将来是否有机会出人头地。**

大部分富人从事具体的实务性工作

很多人认为富人的工作都是光鲜亮丽的，每天只需要做做决策就够了。但实际上，那些年收入百万甚至千万的企业经营者，往往需要亲力亲为地处理各类具体事务：从物流发货、回复客户咨询，到四处跑业务、洽谈项目，甚至还要应对法律纠纷、处理突发状况。

这表明财富的积累并不在于工作的体面程度，而在于个人务实的态度和切实的努力，真正成功的人都会投入创造价值的各个环节当中。

富人的投资收益框架

举例来说，当你有10万元的时候，你的投资渠道很窄，比如只能买些基金。当可投资的资金少时，可选择的项目就非常有限。大部分人都会想着等自己攒够几十万元的时候去加盟开店。

如果你有一个亿，可投资的项目就多了，可以是一部分房产，一部分股票，还有一部分实体资产。有些人还会投资采石场、矿场，或是农业、旅游业等各种项目。所以，富人可投资的资产种类很多，选择范围也是非常广的。

当资金的量级提升时，收益率也会相应地上升。这也就解释了为什么我们会看到一种趋势：富人越来越富。

收入增长的底层思维

我做了5年投资，这份工作让我拥有了不同的思维方式。我知道哪些人有钱，也知道他们是如何变有钱的。这是一份很神奇也很难复制的经历。我对"哪里有钱""怎么挣钱"这件事非常敏感。拥有赚钱思维，实现月收入从几万元到几十万元的跨越，主要有三个核心点。

勤奋≠成功

很多人说，勤奋是通往成功的必经之路。在这个竞争激烈的时代，你要想成功，确实需要足够勤奋，才有可能比别人领先一步。

但从我做投资人的经历来看，很多创始人只需要做对决策就好，并不需要每天在公司工作。他一天只需要工作四个小时，做好整体的管理和安排，把具体的事情交给其他人去做。

很多人把勤奋当作自己的借口。

其实，勤奋只是一种朴素的道德观，跟成功并没有必然的关系。

那些想偷懒、不想勤奋的人，更应该像创始人一样拥有框架思维，要在更重要、更有效率的事情上做决策，至于一些小的决策，即便错了，也不会影响大局。

比如说，你选对了另一半。这件事做对了，那家长里短的小决策还重要吗？不重要。你把真正重要的角色做对了，剩下的时间你就可以安安心心享受生活了。

懒人需要框架，恰恰是要让自己变得更懒，变得更舒适。大部分人太"卷"、太勤奋了，我反而希望大家对自己别有那么高的要求。不要让自己一天工作14个小时，要让自己活得更健康、更舒适！

把关键的决策做好以后，可以放平心态，就像打游戏一样，当你知道这关的最终对手是谁的时候，可能就没那么着急了，可以一步一步慢慢来。

种一棵自己的摇钱树

摇钱树指的是你要完整地做一个属于自己的产品，并把它销售出去。

比如，有人摆摊，搭建自己的小红书账号；还有人在闲鱼上卖课，资料包只卖一分钱，然后把客流引到自己的私域，卖各种各样的副业项目，一个月也能挣几万元。

你完整地经历了生产、获客，并把产品卖出去之后，就形成了商业上完整的、极简的小闭环。这样，你就有了自己的一棵小摇钱树。你要想方设法地浇灌它，让这个闭环变得越来越大。

在这个过程中，你可以只做流量，把交付交给别人；也可以做流量之后，再做一部分的交付。你甚至可以倒卖流量。很多流量"贩子"会把公域流量导到一个机构里，让机构帮忙转换。

> 当你有了一棵摇钱树时，你可以从产品、销售、流量等任一角度出发，持续地浇灌它，让它帮你实现财富的跨越。

顺势而为

前面我提过，一个人的收入想要增加一个位数，都不是人力轻易能达到的，都要惊险一跃。而且，你想要完成这次跨越的时候，必须抓住势能，要在风口和趋势的朝向里。趋势其实就是给普通人翻身的红利。如果我们把富人的钱看作存量，趋势就意味着增量。

> **社会趋势的变化就是一场场造富运动，每一波新趋势出现，都会产生新的富人。**

所以，想跨越阶层，你要顺着趋势，让趋势把你带到原本够不到的地方。

此外，我想说，**风险与收益成正比**。我以前很怕劝大家去冒险，但自从创业以后，尤其是经历了很多事情之后，我想跟大家说，适当冒险，是有益于身心健康的。

丹尼尔·卡尼曼（Daniel Kahneman）在2002年获得了诺贝尔经济学奖，他在《思考，快与慢》这本书里讲过一个故事，用概率学理论证明了"富贵险中求"这句话的逻辑是对的。

两个经济学家打赌抛硬币，A对B说："抛一次硬币，正面你赢，你赚200元，反面你输，你输100元，你抛还是不抛？"只抛一次硬币，B输和赢的概率其实都是50%。那如果让你抛100次，你觉得赢的概率有多少？你赌还是不赌？

很多人面对这个问题的选择会有所不同，觉得抛一次是"五五开"就会赌。抛100次时很多人就会迟疑不决，实际上，抛100次时赢的概率是100%。

如果你抛两次，只有两次都是反面的时候你才会输200块钱，你赢钱的可能性是75%，其中有25%的概率赢400元，50%的概率赢100元。因此，你抛硬币的次数越多，赢钱的概率就越大。

卡尼曼的故事讲了一个隐性公式：我们的感受和体验是不一样的。我们失去100元的痛苦，需要用得到200元的快乐才能抵消。

其实这100次抛硬币的机会，就像是人生中的100次选择。在我们的一生中，我们会面临各种各样的选择，而绝大多数人都会低估收益、高估风险。实际上，很多人都不愿意冒险，在看到"抛100次硬币的赌局"时就已经认输不赌了。因为他们看不到未来的收益。

在此，我要送给大家一句话：**富人的钱是用框架赚来的，他们的认知高度，决定了他们能赚到的钱的多少。**

现在，请你认真思考一个问题：

你的摇钱树是什么？

认知如何创造财富?

我们经常在不同场合,在抖音上刷到各种教你创富的短视频博主,他们都强调一句话:认知和财富是要匹配的,如果你的认知和你的财富不匹配,这个社会有一万种方式收割你的财富,直到两者匹配为止。

这句话有点"威胁恐吓"的意味,就像小时候大人吓唬你说"不听话就会有坏人把你抓走"。

但是,在评价这句话之前,我们是不是应该先明确一下什么是"认知"?

从某种意义上说,认知是经过储存、加工、提取之后的信息。它是我们对碎片化信息进行加工处理时,经过实践和价值观的碰撞最终形成的。

乔布斯在斯坦福演讲时提出了"连点成线"(connecting the dots)的观点,这也是他一生中非常重要的思想之一。

他说，我们过去人生中一些看似无意义、没有用的东西，可能在某一天做某件事时突然连接起来，继而由点连成线，又由线连成面。

这时候，我们的价值观和世界观就逐渐形成了。同时，我们的认知体系也会随之建立。当然，这需要我们有足够深度的思考。

信息虽然有价值，但往往只是在很短的时效内有价值。

认知，往往在更长的时间和空间范围内发挥作用，可以在某个领域保持持续有效性。

噪声与信号

每天发生的每件事其实都是信息，所以对我们来说，难的不是没有信息，而是信息过载。

当纷繁复杂的信息进入我们的大脑时，我们可能无法处理这么多信息，也可能因判断错误而做出错误的选择。

爸妈告诉你，毕业后直接去选调、毫不犹豫走公务员路线才是一辈子的保障。丈母娘告诉你一定要买房，而且必须买海淀区的学区房，既能用学位又能保值。理财博主告诉你，理财的核心在于复利，"利滚利"才是21世纪最伟大的发明。移民中介告诉你，一定要找机会把孩子生在美国或者中国香港，让孩子以后可以在两种身份中选择。

你的大脑开始头疼，思考人生的意义。望着可怜的工资卡上的余额和数不清的过来人的建议，你只感觉到了疲惫，原来成年人的世界就是这样的吗？

其实我们生活中，99%的信息都是噪声，而1%的信息才是信号，信号背后暗含了规律和趋势。

如果没有能力分辨信号和噪声，那么你的人生决策一定会做得一塌糊涂，活生生把自己活成了上一代人的翻版。

你问我，如何提高决策质量，如何分辨信号与噪声？

噪声是找变化，信号是找不变。

香港的投资客跑到了上海，一看到上海、北京、深圳这样的城市发展，立刻就心领神会：城市是不同的，但房地产的发展规律、城镇化的趋势是不变的。

经历过PC互联网的创业者在看到移动互联网崛起时，立刻嗅到了一丝熟悉的味道：人们使用互联网的媒介不同，但互联网对各个行业和产业的改造是不变的。

在淘宝时代、微信公众号时代赚到钱的人，看到短视频平台、直播媒体兴起时，他们立刻明白了：平台是变化的，人们的注意力会不断转移到新的娱乐内容上，但注意力电商这种模式是不变的。

这些人，大家都嘲笑他们是21世纪的新兴煤老板、暴发户，但这些土老板其实比任何经济学家都更精明，他们明白要在社会中寻找那些不变的东西，才能保证自己持续的成功。

> **拥有分辨信号与噪声的能力，才能逐步去建立属于自己独有的认知体系。**

你要明白，任何人的认知体系，如果生搬硬套到你身上，都可能让你倾家荡产。

认知这种东西，就像是你吃下的第100个馒头，在你的肌肉、骨骼、血液中生长，从你做的每一件看似无关也没有意义的小事中，经过你的观察、思考、总结，在实践中摔打出来的。

认知，是生长出来的。

认知不落地，就是害人害己

我曾经是一个投资人，投资人最喜欢的死亡三连问：

"你的壁垒在哪里？"

"你的核心竞争力是什么？"

"你和别人的差异在哪里？"

后来我创业了，有个投资人坐在我对面，一上来就劈头盖脸地问我："你的壁垒是什么？"

当时我才意识到，自己做投资人甲方时的嘴脸有多丑陋。

我回答说："我的壁垒就是我能把产品卖出去。"

投资人总是希望像解答数学题一样，能找到一个明确的答案、体系和解法。在他们习惯的话语体系里，寻找一个能回答"谜语"的答题人。

> **等到自己创业才发现，任何人的创业成功，其实都伴随着巨大的偶然性。**

其实99%的商业模式都没有壁垒，因为壁垒是一个静态的东西。**但是取代诺基亚的不是一个新的诺基亚，而是智能手机时代。** 就像经济学家张维迎教授说的，经济学中的"垄断"概念根本就是错误的。

> **没有垄断，只有一种趋势对另一种趋势的取代。**

不管是经济学还是管理学，都是非常年轻的学科和领域。创业是一门实践性学科，所有你过去在书本上学到的或者前人耳提面命灌输的概念可能都是错的。

只有实践才能出真知。而你经过创业后的认知，不管多么荒唐，它都是属于你的。

认知变现，从解决一个问题开始

一个非常朴素的商业认知：只有去现实世界解决真实的问题，

才能检验认知。

认知和财富是一个"借假修真"的过程。我们在创造财富的过程中，需要不停地运用思维模型和认知去解决一个又一个疑难杂症，并且宵衣旰食，冒着巨大的风险。随之而来的，是我们赚到了钱，收获了财富。

> **但是钱不是目的，那个你不停打磨的认知模型，才是让你赚到钱的心法。**

说实话，很多人在传统的教育体系和职场体系里，不管工资高低，都是创业中的低能儿。一个年薪50万元的人到了现实社会，仅靠自己独立赚5万元都会有一种难如登天的感觉。

因为这是完全不同的两个体系。

"认知"这东西，你盲人摸象、隔岸观火，永远都是隔靴搔痒。想获得真实的认知，必须从系统地解决一个问题开始。

为什么强调框架？因为赚5万元和赚500万元是同一个方法，你必须从赚500元开始练习。

想不打嘴炮，学点真正有用的认知，那就必须成为一个脚踏实地、愿意从脏活累活开始干的人。不要试着实现离自己太远的目标，尽量在舒适区范围上面一点点，跳一跳就能够得着，然后慢慢扩张自己的舒适区，直至逐步实现目标。

比如说，原来你的年收入是50万元，就慢慢往上走，尽量用闭环的思维去做事，通过刻意练习把创业的要素进行提前演练。而不是一上来就立下宏愿说要挣100万元、1000万元，结果始终停留在想象阶段。

如果没有系统地解决过一个问题，就很难建立对这件事情的认知框架。你只是了解局部，对全局无法掌控。这就像一句话所说：

> **你把一头大象劈成两半，一定无法看到两头完整的小象。**

在团队或公司里解决问题时，人们往往陷入两个陷阱：第一，职场创造价值是间接的，不是直接的；第二，职场是分工的，不是体系的。

所以，大部分人在现代分工中没有构建完整的系统，没有靠自己完整且深入地解决具体问题。比如，你开始自己创业，或在公司里负责一项新业务，把这个新业务一点点做起来了；再如，你做了一个付费社群，把自己的知识体系做成课程并且卖出去了。这些都是在解决一个完整且系统的问题，而不只是处理其中一个环节。

> **其实，打工和创业最大的区别就在于：打工解决局部问题，而且是间接解决问题，只能获取少部分利润；创业则解决完整问题，并且是直接解决，因此能获得全部利润。**

所以，我觉得现在中国一亿多的个体户都很伟大，他们在个体创业的过程中，利用自己的认知创造了较大的价值。

如果你没有创业，也可以选择做一项副业，哪怕试试摆个地摊。当你摆摊时，你就会调研哪个摊位好，怎么解决证件问题和产品调研问题，试着吆喝把产品卖出去，最后挣到5000元钱。这个过程其实就是在解决完整问题。

可以说，系统解决问题的能力是创业最基本的能力、最核心的能力。 在创业过程中，你为社会解决了一个难题，社会的效率提高了，你也赚到了钱。因为你为社会创造了价值，所以你获得了财富。

> **认知的形成需要大量的反馈。**

就像我们做投资一样，枪打出去一颗子弹，要知道有没有打在靶上。当你有机会建立一个非常小的循环时，事情会给你反馈：你挣钱了，有结果了，这件事就变得很简单了。

总的来说，提升认知的过程就是培养解决完整问题能力的过程，并且要尽快建立反馈周期。任何事情都要给自己建立快速反馈的闭环。我以前做投资时，反馈周期很长，要5年、10年后才知道当时的认知是否正确。所以我觉得，年轻人最重要的是建立快速的反馈和闭环。

读到这里，我希望你思考两个问题：

你有没有完整地解决过一个问题？你有没有在公司内外完整地策划、组织、调研、牵头做过一件事情，并且为结果负责，哪怕是开一个网店、摆一个摊，或是做一个公众号？

人生跃迁的战略与战术

人生的跃迁，是从一种框架跃迁到另一种框架。

这种跃迁是在思维框架的迭代中完成的。

很多时候，你不需要把人生方向想得太清晰。只要知道要去往哪里，朝着那个方向走，你的框架就会不断迭代，认知就会不断跃迁。这就是战略的问题。当然，战术也不能缺失，它是实现目标的重要途径。

战略的选择比战术更重要

通常来说，战略是why（为什么要做），战术是how（怎么去做），具体的操作是what（做的是什么）。

爱因斯坦说过："如果给我一个小时解答一道决定我生死的问题，我会花55分钟来弄清楚这个问题问的是什么，剩下的5分钟来回答这个问题。"

然而，绝大部分人的做法却截然相反，他们只关注战术，在战略上花的时间太少。大概思考了一下方向，就匆忙开始行动。

当你年纪渐长，回想过往时会发现，真正让你跨越阶层、改变命运、提升生活质量的就只有那几个关键决策。比如，你选择了怎样的伴侣，就决定了你的家庭生活质量。

然而，很多人在战略层面的重要决策上，往往不愿花心思思考和研究，而是稀里糊涂地跟着感觉和情绪走。

比如，我接触过很多房地产中介，他们很多人2013年前后选择在燕郊买房，而当时北京北三环的房子每平方米只要2万元左右。即便他们能接触到第一手的房产趋势信息，依然选择在燕郊买房。这就表明他们缺乏战略思维，而思维往往决定命运。

我们在人生重要选择上要敢于下重注。

人一定要知道在什么时候该下重注。

只要在关键事项上做对了决策，即便平时稍有懈怠，最终也能获得丰厚的回报。

赛道决定命运，赛道和项目的选择本质上就是战略选择。在创业路上，每个人成功的路径和策略都不尽相同。如果赛道选不好，未来5年可能会越来越痛苦。很多第一次创业的人要么选错了项目，要么选了一个不合适的项目却咬牙坚持，最终都没有意识到问题所在。

我想提醒大家的是，不要过分纠结于战术问题，规划得越细反而越容易畏首畏尾。战术细节只有在行动中才能明晰。我们应该在战略方向的选择上投入更多时间，因为方向一旦选错，就很难扭转。

创业是一个实践过程。它像打羽毛球、高尔夫一样，光看教材而不实践，永远也无法掌握。很多人常把战术问题误认为是战略问题。比如，很多做抖音的人爱问："没有流量怎么办？预算该投多少？要找什么团队？要不要签约MCN（Multi-Channel Network，多频道网络）？"但这些都不是关键问题。

真正的战略问题是："短视频平台3到5年后是否仍是主流表达方式？我是否要打造个人影响力？"如果答案是肯定的，那就应该从现在开始，以10年为周期，持续积累个人影响力，根据战略部署相应的战术。

找出规律，判断方向和趋势

实际上，每个行业都有其基本的市场规律。大家不必过分担忧未来和趋势，当趋势来临时，往往显而易见。比如，当前短视频平台的趋势仍在持续。

> 我有个朋友曾说："只有红利消失的时候，你才能意识到曾经身处巨大的红利之中。"

红利就像美好的初恋，往往失去才懂得珍惜。但不用着急，重要的趋势通常都很明显。比如，PC互联网的10年，移动互联网的10年，大多数重要趋势和红利都很持久。它们不会昙花一现，而是可能持续10年，你只需要判断自己是否在趋势之中。

很多人对待趋势如同炒股，总想"买在最低点，卖在最高点"，希望精准把握时机，却忽视了是否确实是重要趋势。

创业也是如此，不必过分追求完美时机。

你只需要判断这件事在未来10年是否正确，如果是，就可以付诸行动。

趋势并非难以判断，关键是要投入时间研究和分析。比如，当你发现ChatGPT中可能蕴含机会时，只要现在愿意投入时间研究，一年后就能成为这个领域的专家。

判断方向和趋势的方法在于找寻规律。观察过去几十年，70后、80后一拨又一拨成功人士的经历，探究他们成功背后的规律和致富之道。你会发现，小富靠勤，中富靠运，大富靠命。虽然我们无法预见未来，但历史总是相似的。

小富靠勤，就是说想在工资外多些收入，就要比他人更加勤奋。这个社会机会众多，只要善于思考，用轻资产模式运作，勤于学习和实践，就能多赚一些。

中富靠运，是说在某个框架下做事时，总有不确定性和运气因素。如果想过上富足生活，确实需要一些运气。就像创业，再聪明的策略也无法保证百分之百成功，能有今天的成就，运气也是重要因素。

大富靠命，依赖的是社会趋势、规律、经济发展、时代红利，这些都是人力难以左右的因素。

回顾过去，从淘宝、微商再到个人公众号，每一波新媒体浪潮中，创业致富的底层逻辑其实相近。许多人看不透这些本质规律，常被表面的战术问题所困扰。

> **有个简单的判断规律：如果一个行业里"傻瓜"和"流氓"都能赚钱，这往往说明它是个好行业。**

你听到这句话可能会想，为什么这样的人都能赚大钱？**但你只要换个角度思考这个问题就会明白，连这种人都能在行业中获利，恰恰证明这是个优质行业。**

一旦掌握了判断方向和趋势的规律，面对新机会时就会觉得熟悉。就像香港的炒房客来到上海，他们觉得上海的房市与昔日的香港相似，是一片沃土，因为他们看到了其中的规律。

做到比看到更重要

从投资的上帝视角来看，很多人常会不自觉地认为最终胜出者拥有先知般的能力。这种观点实在太过傲慢。

因为，但凡创业过，你就会明白，其实趋势对于聪明人来说，是显而易见的。聪明人相对于笨蛋来说肯定不算多，但是一群聪明人中，你想要选出胜出的那个选手。

你会发现，最后的胜负手，是"执行力"。

说得直接点就是，**大家都看到了，但是做到的人很少。**

当方向基本正确时，战略往往是唯一的，但战术可以根据不同场景变化多端。我最关键的战术思维是"生死看淡，不服就干！"只有付诸行动，才能验证战略的正确性。实际上，所有的认知能力和战术思维，都是在执行过程中逐步形成的。

如果盲目听从权威或长辈的建议，而不亲身实践，很容易陷入死胡同。因此，与其听取不同的建议，不如做出关键选择后走出自己的路。

我曾经认为战略能力至关重要，后来发现战略和趋势其实都很明显，只是很多人不愿思考。更重要的是，有了战略思维之后如何付诸执行。

比如，短视频平台现在就是一个显著的趋势。如果不想做抖音，还可以选择视频号或小红书，短视频的趋势至少还将持续3年。现在加入，依然不算晚。

所以，趋势往往是显而易见的。但真正决定你能否获得大成果的是你的执行力。

我有位朋友，她在华为工作8年后，去了一家生产白板大屏的上市公司。那家公司光卖软件年收入就有6000万元，他们白板大屏的市场占有率达到了40%~50%，意味着全国一半售价3万元的电子白板都出自这家公司。公司在教育行业巅峰时期的市值曾达2000亿元。

这位朋友当时负责公司操作系统设计，收入十分可观。但当2022年初我建议她做抖音时，她一周之内就带着团队来北京找我。我曾劝说过很多人做抖音，说它"必将成为近几年最大的造富运动"，但大多数人并不相信。只有她在我刚起步时就选择相信。

我告诉她："抖音必将成为最大的流量入口，别做视频号了，视频号无法超越抖音。"我们在酒店房间交流，为她拍摄了很多短视频，这些后来成了她们的第一批爆款内容。现在她的公司年收入达1000万元，成功很大程度上源于她超强的执行力。

提高执行力主要有三个方面：

心智带宽就是能量，本身要够宽。

所谓"心智带宽"，指的是人的精力和大脑所能承载的负荷极限，每个人的心力和智力都是有限的。

当用于解决真正重要的问题时，大多数人的心智带宽都是充足的。但如果同时应对过多事务，将十几件重要的事情都装在脑中、放在心上，就会不堪重负。

一般来说，人的大脑无法同时处理5件以上的事情。一旦超过这个数量，大脑就会达到极限而宕机，就像CPU无法承载过多任务一样，它会提示你已经超出了处理能力的范围。这就如同一台计算机能够顺利运行一个程序，但同时运行过多程序就会导致系统瘫痪。

要多思考战略，而不是考虑战术。

很多缺乏执行力的人往往过分关注战术问题，但我认为更应该着重思考战略问题。

很多拥有想法的人之所以未能成功，正是因为过度关注战术细节，占用了大量心智带宽，从而在内心产生畏难情绪，最终丧失行动力，无法推进工作。

因此，我们需要有意识地控制对战术问题的过度思考，这将有助于提升我们的决策质量。

要做减法，不要同时做很多事情。

比如，你要先明确未来3个月最重要的事情是什么，这就是战略；而后专注于完成这件最关键的事，这便是战术，也就是执行力。

很多人误以为执行力就是一天工作12小时，一周工作80小时。实际上，当你愿意用半年或一年的时间专注做好一件事时，你自然就会拥有不错的执行力。

如果你不是特别勤奋，甚至有点懒惰，如果你的精力有限，那么成功的重要途径就是学会做减法，即在一个阶段专注于一件事情。

你只需要想清楚今年最需要完成的是什么。比如，如果你认定今年做抖音是最重要的事，那就用半年时间专注于此，这样就能很好地结合战略和战术，让一个并非特别勤奋的人也能取得不错的成效。

思考未来3个月你最重要的事情是什么，这就是你的战略能力。选择怎么做，则是战术能力。然而，很多人往往战略思考太少，而过度关注战术细节，他们经常纠结于"没有流量怎么办？找什么团队？从哪里开始？"等问题，其实这并不重要。

不思考战略的人，本质上是对执行感到恐惧。当然，也有一些人虽然已经思考过方向，却对未知缺乏勇气，他们在执行时不断追问具体细节，其实是为了缓解内心的焦虑。

最后，我想对大家说几句话：

出来混，最重要的是"出来"。做抖音，最重要的是"做"。任何事情，都是在做的过程中逐渐熟练的。

读到这里，我希望大家思考这两个问题：

接下来这一年里，你认为最重要的一件事情是什么？什么事情是你只要把它做到了，今年就圆满了？

摆脱长期主义的陷阱

长期主义和短期主义，已经几乎等同于一种价值观判断了。

你现在去问任何一个炒股的散户，问他的投资流派，他都会骄傲地回答：我是价值投资者，所以我不在乎短期波动。

曾经，我也认为任何一个正派的人都应该是长期主义者、价值投资者。

经过社会的历练后，我慢慢意识到一件事：

所有的长期主义，都建立在短期的暴利上。

长期主义其实是一件很奢侈的事。绝大多数人虽然在价值观上认为自己应该是个价值投资者，但实际上并不是。

长期主义的大门并非对所有人开放，成为长期主义者的门槛特别高。因此，绝大多数普通人很难成为长期主义者。

长期主义和长期收益呈正相关，它主要是为了对抗偶然性。再好的项目在短期内，其市场预期都可能低于真实价值，只有时间跨度足够长，项目的价值才能够均值回归。

真正有价值的资产才能在足够长的时间周期里，自然淘汰那些相对短期、价值较低的资产。

讨论长期主义时，我希望大家能够明白以下三点：

第一，有恒产者，才有恒心。

当人一无所有时，他是不可能有信心的。只有拥有了恒产，手中有了一些固定资产，才会自然而然地相信长期主义。古人说："仓廪实而知礼节，衣食足而知荣辱。"对一个温饱都成问题的人谈长期主义，是极其不恰当的。

第二，长期主义和短期主义可以相互转换。

你可以在短期内采取短期主义策略，也可以从长远角度做一个长期主义者。我观察到身边有两类人：一类始终坚持短期主义；另一类则会从短期主义者转变为长期主义者。

例如，有些人做项目做到一定阶段时，发现了一个可以长期深耕的赛道和品类，就转而成为长期主义者。简而言之，长期主义取决于你所选择的赛道。

长期主义说白了，取决于你的赛道。

第三，要摆脱线性思维方式。

习惯于线性思维的人只能看到短期的成长路径，成长性十分有限。而长期主义者往往具备指数思维，能够洞察更长远的发展轨迹，也能够接受短期内处于低谷的状态。如果无法意识到这一点，就很难成为真正的长期主义者。

长期主义的陷阱

我做投资时，身边都是有钱人，经常和一些创始人、投资人打得州扑克。慢慢地，我意识到，和这些千万富翁、亿万富翁打牌时，我会非常在意自己的筹码。

有一次，我在牌桌上累积了很多筹码，但依然很忐忑。反观那些有钱人，即便输了也依然从容平和。我忽然意识到：**筹码不仅存在于牌桌上，也在牌桌下。**

一个在牌桌上有筹码的人，在牌桌下一定拥有购买无数筹码的能力，那种气定神闲是需要资产、资金支持的。像我们这样的人，就算短暂拥有了长码优势，心态却还停留在短码状态。

通过这件事，我长了两个教训。

第一，要敢于承认自己是短期主义者。

很多人羞于谈钱，羞于承认自己是个短期主义者。尤其是那些年过四十、有恒产的人，谈长期主义时总觉得理所当然。

可我跟长期主义格格不入，因为我真的很需要短期主义的钱。

如果你的身边有一些有钱的前辈、长辈在跟你讲长期主义，千万不要陷入这种长期主义的陷阱，因为所有的长期主义背后都需要资金支持。

我亲爱的朋友，你要明白，所有的视野、格局都是钱堆起来的。

第二，不要跟你财富量级差太多的人一起共事或合伙。

因为双方的财富量级、价值目标不一致，追求也不相同。

财富的量级决定了思维方式。比如，你是短期主义者，对方是长期主义者。你觉得他很有价值，他说的可能都对，但你们从根本上就不匹配。

你现在希望一年挣200万元，但对方考虑的是没有10个亿的回报就不值得做。可这个社会哪有那么多10个亿的机会？从投资角度看，他会等待机会再行动。如果你的年度目标是挣100万元，你一定不会等待，而是会立即行动。跟着他，你可能近5年都没有出手的机会，这会让你很痛苦。

我发现和那些四五十岁的企业家在一起时很痛苦，他们考虑的都是10个亿的机会，而我想的是100万元。这是因为我没意识到自己是个短期主义者。长期主义者看重10年回报，短期主义者关注1年回报，目标本就不一致。

同时，短期主义和长期主义只是阶段性问题。

> 人的第一桶金往往都是短期主义的，那些上来就谈长期主义的人其实根本不缺钱。

年轻人的第一桶金通常来自短、平、快的行业，想的是一年或半年挣到100万元，甚至一个项目就能挣100万元，这种思维本身就是短期主义。

我们身边总有一类创业者，他们是短期主义者、投机主义者。他们不断开发新项目：抖音火时做抖音，医美行业挣钱时就开医美机构。这未必是坏事，只有在有了第一桶金之后，你才会逐渐改变思维。当你不想做短期的事情时，你才会慢慢拥有长期主义的心态。

不要盲目制定长期目标

本质上，长期主义与短期主义并不矛盾，因为挣钱是个无限循环的过程。当你决定创业或自己做事时，你就进入了一个无限游戏——钱的游戏没有终点。

> 我不建议年轻人盲目选择长期主义或过度思考长期目标。

就像有人说的："谈论宏观经济一分钟，就浪费了一分钟。"我们为什么要过度纠结10年后的事情呢？

每个人的价值观不同，对生活和工作重心的选择也不同。有人辛苦经营年收入1亿元的生意，每天为300个员工的工资发愁；有人则认为一年工作3个月，做点小项目挣200万元，剩下9个月陪伴家人才是最好的状态。

我不会制定长期目标，更多是追求长期目标与短期目标的平衡，追求工作与生活的平衡。其实，能过好每一天，吃好每一餐，把每天的工作做好，就足够了。

模糊的正确胜过精确的错误

规划和定位是两个不同的概念。规划、计划这类词，会让人觉得应该有个明确的目标和未来的蓝图，但这其实是由我们当下的年纪、状态和财富量级决定的。

> 我常说"不要做三年之外的规划"，甚至连一年之外的规划我都不做。

对未来有个愿景，有个大致方向，知道创业要往哪个方向去就足够了。

我的建议是，只要你有个方向，清楚自己在哪里、要去哪里就可以了。但是，你不要期待能用显微镜把未来看得很清楚，你只需要往前走。正如那句话所说，"有事做，有人爱，有所期待"，这就是一个人很好的状态。

> **在我看来，模糊的正确胜过精确的错误。**

模糊的正确指的是确定大方向，确定你做事的框架。比如，你是否认为短视频平台会是未来5年主流的表达方式？你要不要做一个个人IP？回答这两个问题，就是在确定方向。

精确的错误，指的是只顾着规划路径，不思考方向的问题，逃避真正的战略决策，做大量的战术动作，用战术上的勤奋来掩盖战略上的懒惰。

很多人过度沉溺于长期规划，却往往不行动。我们身边有大量的人会逃避思考真正重要的问题。如果想做抖音，他们会大量买课、上课。当别人问他"你怎么没做起来"时，他会说："我都花了60万元了，还没做起来。你看做抖音多难啊！"这其实都是借口。

> **他在通过花钱逃避真正需要解决问题的痛苦。**

有一次，我做线下培训时遇到一个学员。他拿着一个特别皱的小本子给我看，说："老师，我要走了！我周三、周四要去广州参加会议，周六、周日还有课，下周还给自己安排了五节课。"我说："你这比上班还忙啊。"

他花了那么多钱，学了那么多，但只是努力地穿梭于各种学习场所，并没有将学到的知识用起来。可以预见，过几年他还是做不起来。

所以，真正重要的是战略方向的问题。比如，我做抖音时会思考：未来什么样的人会有钱？近几年内"造富运动"会在哪个平台上出现？想清楚这个问题之后，具体怎么做其实不重要，结果才重要。

很多人把长期学习当作长期主义的借口。他们看似已经在学习上投入了几万元甚至几十万元，学习了两三年，但还是没有成果。

其实，真正的长期主义是对大趋势和方向有模糊的判断就够了，不需要做特别精细的规划。我始终认为，模糊的正确胜过精确的错误。

别把长期主义当成道德标准

我们生活中可能只有不到10%的人是长期主义者，但身边几乎每个人都在谈论长期主义。其实这些人对长期主义的理解都是错误的，他们还没有找到适合自己的道路。

我们社会的文化体系中，包含一种道德评价，人们把长期主义道德化了，因此很多人都认为长期主义是绝对正确的，这本身就存在很大的认知偏差。

要知道，并不是每个行业、每件事情都有长期主义的价值。**长期主义的前提是，这件事是有意义的**。在一个不适合长期主义的地方强行讲求长期主义，就像生搬硬套一个固有公式，这是不合理的。

很多人陷入了"非黑即白"的思维定式。他们认为人不是长期主义者，就一定是短期主义者，甚至会把非长期主义的人贴上"暴发户""赚快钱"或没有积累的投机主义者等标签。

为什么我不能是一个机动性的长期主义者，或是一个投机性的长期主义者呢？在长期主义对我有利的时候，我就采取长期主义；在长期主义对我没有意义的时候，我就可以选择投机主义。

这是对我利益最大化的选择，为什么不能这样选？

长期主义只是一种策略，不能因为我不采用，就说我是一个彻底的投机主义者。

我发现有人在抖音直播间卖课时说："拍了我的课程后，你要好好学个3年、5年，你一定能做成，要做长期主义者。投机的人不要拍我的课。"

有人一提到赚快钱，就觉得是对自己的侮辱。对此，我们需要客观、理性地看待。如果你身边有人把长期主义当作道德标准来要求你，那么请一定要远离这样的人。

> **长期主义的本质，是用足够长的周期去抵消短期主义的不确定性。**

但前提是，你要确保你这个盘子10年后还在。如果公司都不存在了，那你长期坚持的意义又在哪里？

其实，我对长期主义和短期主义并无倾向性。在职业技能积累和读书等生活习惯方面，我们应该保持长期心态，不要浅尝辄止。但对于大部分事情来说，哪个划算就选择哪个。只要不违背你的框架，就可以放心大胆地去做。

我一直觉得，长期主义和短期主义是可以相互转化的。**你不一定非要要求自己做一个完全的长期主义者，可以当一个间歇性、投机性的长期主义者！**

在此，我要送给大家几句话：

你要相信，真正赚钱多的人心态都很包容。有句话说："一个人有智慧的表现，就是他能接受两种截然相反的观点，并且还能自洽。"

这个世界本身就存在很多对立的观点。能够理解不同观点产生的原因，并且明确自己真正需要什么的人，才是有智慧的人。

最后，我想问读者朋友们一个问题：

你到底是一个长期主义者，还是一个短期主义者？

2

财富是靠系统
认知得来的

在追逐财富的时候，我们一定要意识到

这个世界有一个无形的财富框架

衡量财富的标准不是量化的、肉眼可见的金钱数量，而是你为社会提供价值、解决问题的能力。

这就是财富的真相，也是学校最应该教却没有教的内容。

腐烂陈旧的财富观

如果你问一个20岁出头、刚步入社会的年轻人什么叫"有钱"，他大概率会告诉你：拥有数不清的存款，名下有数套顶级房产，拥有宾利或劳斯莱斯等豪车，还有一张可以不限额度消费的神秘黑卡。

但当你问他身上有多少钱时，他可能会掏出手机，打开微信、支付宝，查看余额后告诉你："我的存款还有2万多元。"而且，这很可能就是他的巅峰财富值。

对于这样的朋友，我想说：是时候更新你的财富观了。

金钱只是符号

钱本身是没有价值的，它只是用来交易的一种媒介。

在人类历史上，曾经用作货币的物品可谓五花八门：贝壳、盐巴、鲸牙、狗牙、各类兽皮、石头，甚至人类的头盖骨。

假设我在一个无人小岛上发行货币，即便可以随时增发到100万枚，它也没有价值。因为这个小岛不创造财富，没有人使用这种货币，也没有任何交易需求。这个小岛没有为世界创造任何增量，所以我的货币毫无意义。

很多人都迷恋金钱，但实际上，钱只是银行卡、微信钱包或支付宝余额里的一串数字。

我更愿意将钱理解为这个"游戏世界"的积分体系：

世界是一个巨大的游乐场，财富就是对我们出色游戏能力的一种奖赏。

金钱是果，财富是因。

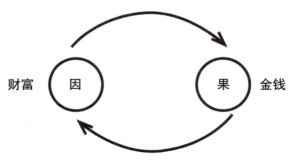

图2-1 财富、金钱与因果的关系

财富不是任何外在形式的东西。

举个简单的例子，如果未来没有了黄金，没有了人民币、美元这些纸币，那该如何衡量财富？

假设有人能把水转化为汽油，或从空气中提炼粮食，让人类只需呼吸就能维生。抛开"钱"这个概念，世界的财富显然是增加了的。

这个问题的本质在于，当我们提高了对世界资源的利用效率，财富就相应增加。从一个人耕种一块地只能养活三口人，到现在种植杂交稻可以养活十几口人，这就是效率的提高。这正是袁隆平先生通过杂交水稻技术为全人类创造的财富。

纵观人类历史，也是如此。

工业革命的核心就在于效率的提高。第一次工业革命中，蒸汽机的发明实现了动能与热能的转化，大幅提高了生产效率。第二次工业革命时期，各种新技术、新发明的应用，又一次推动了生产效率的飞跃。

现在你明白了吗？财富到底是什么？

> **财富是创造结果的能力，是你为社会创造一种额外价值的能力。**

当你具备解决问题的能力时，社会给予你的回报就是财富。

交易创造财富，销售为你致富

除了创造价值能够创造财富，还有一种方式，交易本身也是创造财富的。

为什么交易能够创造额外的价值呢？因为交易的本质是提高流通效率。

世界上的各种资源，需要通过交易行为，进行高效的置换和分发，传递给需要它们的人。在这个过程中，财富也随之产生。

比如，我喜欢苹果，你喜欢香蕉，如果没有交易，我们可能都无法得到自己喜欢的水果。通过交易，我们各取所需，物尽其用，这就创造了财富。

财富不是简单的物品加总，而是事物之间的互联互通。创造财富占20%，提高流通性占剩下的80%。

保罗·萨缪尔森（Paul A. Samuelson）的《经济学》中也提到类似的观点。

简单来说，财富的创造过程中，粗略地计算，25%是制造，75%是贸易。

> **所以，想赚钱的话，最应该培养的是把东西卖给别人的能力。因为这种能力能够促进流通，创造财富。**

时间自由，才是真正的财富自由的人生

回答我一个问题，面前有两种人生让你选择：A人生是每年赚500万元，但是你不需要坐班，你可以随时去旅游度假，可以把50%时间用来陪伴爱人、老人和孩子，同时你拥有一个为人生兜底的赚钱能力。

B人生，每年赚1个亿，但是你需要每天工作18个小时；除了睡觉以外的所有时间，你都需要"狼奔豕突"，一刻不停地疲于赚钱；你可能会失去爱和被爱的自由，你会失去除了钱以外的所有社会关系，没有朋友，只有合作伙伴。

你选哪个？是A还是B？你选择过什么样的人生？

这个极端假设让我们明白：

财富自由并不是简单的金钱自由，更是时间自由。

如果没有了时间，那么是金钱在驾驭你，没有时间自由，就会沦为金钱的奴隶，到生命终点时，留下的不过是一串冰冷的数字（甚至都不是现金……）。

我见过许多已经很富有的老板，为了赚取更多钱财，他们牺牲了时间，耗尽了精力。他们不仅让渡了时间，还让渡了家庭，这种状态与财富自由背道而驰。

当然，我这里所说的自由，并不是"无拘无束"，也不是"无所事事"，而是在时间自由和亲密关系自由、财富自由之间取得平衡。

你要排一个优先级，也就是你认为哪个东西是最重要的。

在我心目中，时间高于一切。时间自由才是真正的自由，想去哪里度假就去哪里度假，想几点工作就几点工作，这就是自由。

我们在设计赚钱的商业模式时，需要思考一个问题：这个模式是否属于投入时间就能赚钱，一旦停下就没有收入的类型。如果是这样，其实你和骆驼祥子没有区别，拉1次车赚20块，拉100次车赚2000块，你只是一个"互联网祥子"。

> 尽快优化你的赚钱模型，刻不容缓，把你从"拉无数次车赚钱"的困境中解脱出来，这样才是真正的财富自由。

钱是自由的入场券，钱是情怀理想的垫脚石。

发自内心地尊重金钱

很多人谈论钱的时候，像"当代孔乙己"一般，总是嘴角微微向下，发出一声冷笑，流露出鄙夷的神情。

另一拨入世的创业者，看到这些"当代孔乙己"穿着长衫、冷锅冷灶、吃着廉价的茴香豆时，嘴角露出高深莫测的微笑，在尽可能保护对方自尊的情况下，保持沉默。他心里在想，如果你想从我这里学习赚钱之道，必须付费，我从不免费教人赚钱。

这两拨人在互相走远后，都对着对方的背影喊了一声"傻子"。

这些"当代孔乙己"谈论赚钱时，总有自己的一套理论，"君子爱财，取之有道"。你问他什么是"道"，他会告诉你，反正不是违反道德的方式。

有的人当你问他如何看待抖音网红赚钱时，他会嗤之以鼻，认为这种现象是社会文明的退步、价值观的败坏，认为许多赚到钱的人都是德不配位。

离他两米开外，你还能闻到他身上的"酸味"。

这种人真的尊重钱吗？我看未必。真正尊重钱的人，会克制自己的嫉妒心，会静下心来思考，为什么那些学历不高、背景不深的网红都能赚到钱，自己却赚不到，甚至连赚钱的机会来了都抓不住。

赚钱不能只停留在想象和评判的层面，也不能被嫉妒心蒙蔽双眼。

我们需要明确自己和金钱之间的关系。

> 尊重金钱才能获得金钱，不尊重金钱的人，必定会离钱很远。

你可以问问自己：不管是在行为上还是在口头上，你是否真正尊重金钱？

我尊重金钱，所以我会关注谁为我付费，关注钱的来源，关注每一分钱的去向。

我曾制定群规：任何人在群里发红包，领取红包的人必须表示感谢。既然别人说"我发这个红包，希望大家帮我转发文章"，那么无论红包大小，你既然在意这个钱、愿意领这个钱，你就该转发，就该付出这个行动，你要尊重钱。

这种尊重的本质在于，**天底下的每一分钱，都有其来处和去**

处。想赚到钱，你就得付出相应的努力和代价。运用不正当手段不可以，对钱不够尊重也不可以。

你对钱不够尊重，就无法知道钱从何而来。你要思考：为什么有人要群发红包？为什么不直接把钱给你？为什么你的客户觉得你只值99块钱，而不是1万块钱？

如果不去思考这些问题，不尊重他人，就无法理解背后的动机。

仇恨金钱的人，就无法变成有钱人。

我听过很多人抱怨，说私董会就是"割韭菜"，他们交了5万块钱的私董会费用，认定自己被骗了。

我的想法与他们不同。我会思考，每个人的钱都是有限的资源。当他把这5万块钱及相匹配的时间和资源分配给某人时，一定有其考量，这5万块钱恰恰体现了收钱人对钱的尊重。

我还会认真思考，这5万块钱究竟满足了哪些人的需求？毕竟没有人是傻瓜，每个人付出这5万块钱时，一定是基于解决自身需求，经过了深思熟虑的。

就算他是傻瓜，他也有需求，傻瓜的需求同样需要被满足。

尊重钱就是尊重价值，就是在探索钱流动的规律。

有句话广为流传：一个人的认知与财富是匹配的。如果认知与财富不匹配，这个世界有一万种收割你的方式。

在我看来，"钱"是个中性词，过分拜金和过分清高都是不对的。

现在，请你想一想：你有没有仅靠自己赚到过人生的第一个5000元？

我的第一桶金的启示

我是如何赚到我的第一桶金的？事实上，我选择创业，是被现实"逼上梁山"。

2021年7月之前，我一直在从事教育行业的投资工作，虽然工资不高，但我仍然怀揣着年薪百万元的梦想，做着看似体面的甲方投资工作。

后来，教育行业经历了"寒冬"，我才开始认真思考"创业"这个选择。

然而，作为"一介书生"，除了读书几乎什么也不会，我开始思考：要赚到第一桶金，必须先有客户。于是，我就开始到处学习如何拍摄短视频、如何做直播、如何在镜头前表达。

在短视频、直播间开始有流量后，我又陷入了困境，因为不知道该卖什么，这种感觉让人非常难受。

于是，我的直播间出现了一个有趣的现象。我开始询问粉丝："你们想买什么？"

很多粉丝问我："陈晶老师，你有课程吗？我想跟你学习。"

那时候，很多人都对知识付费表现出了极大的学习热情，看到这么多人询问，我觉得一定有变现的机会。

我观察到抖音上似乎还没有专门教授商业计划书的课程。我认为商业计划书是一个通用性的知识，既容易交付，又容易产生口碑。我花了大约一个月的时间，自己写逐字稿（先录音，再请专人将录音档逐字打成电子档或逐字书写成文字），制作所有的PPT，录制完成一门商业计划书课程，定价499元。

之后，我开始销售这门课程，效果出乎意料地好，第一个月就收入5万元。随后，这门课程销量持续上升，收入也不断增加：10万元，20万元，50万元。这就是我赚到第一桶金的过程。

不过，我很快就停止了销售，并非课程质量有问题，而是我发现教授商业计划书课程并不能真正解决用户需求，因为学习商业计划书课程的人都是为了融资。而2022年，金融市场非常低迷，融资窗口正在关闭，资本方主要是有出资背景的基金公司，小微企业很难获得融资，所以我的商业计划书课程自然失去了市场。

现在回想，当时的想法确实比较简单。我的商业计划书课程本质上是一门工具课，但企业老板既没时间，也不会去认真学习。

我没有理解到，用户真正需要的是花1万块钱就能得到一个完整的解决方案。

> 他们需要的是一辆完整的车，而我只卖给他们一个轮子，相当于在说："轮子在这里，请自行组装。"

如果现在重新创业，我会提供价值1万元的商业计划书服务。

组建团队制作PPT，我负责指导工作，在前端接单对接需求，然后组织团队完成交付，这样的客单价会是原来的20多倍。

当时，我确实有些盲目。很多人的第一桶金都是这样，他们并不完全清楚自己在销售什么。也许仅凭着自己的口才，把产品或服务卖了出去。等到卖出去之后，才发现自己的产品或服务存在这样那样的问题。

当然，在这个过程中，"卖出去"是关键。能够把产品或服务卖出去，赚到第一桶金，说明你已经具备了独立谋生的能力。即使过程艰难，你也掌握了赚钱的方法。就算遇到问题，收到一些负面反馈，提醒你这条路走不通，这也是一种宝贵的经验。

> **第一桶金的最大意义，在于复盘。**

大多数人的第一桶金都带有偶然性，可能是对的选择，也可能是错误的尝试。即使选对了方向，也可能不知道第二桶金从何而来，这时复盘就显得尤为重要。

复盘的过程就是思考的过程，是培养思维能力的过程。第一桶金的意义不在于金钱本身，而在于培养创业思维、经营思维、个体思维和复盘思维。这些思维模式是实现人生跃迁的基石和保障。

当然，复盘是为了打磨出一套可持续成功的策略，而不是追究责任，判定对错。如果仅用结果来评判一件事情是否正确，那就是无效的复盘。

所谓"第一桶金"，就是你一定要从一个靠老板喂饭吃的人，变成一个自己找饭吃的人。

读到这里，我希望你能认真思考两个问题：

第一个问题，请询问你身边3~5个最认可你的人，他们愿意为你的哪些东西付费？

第二个问题，如果你要销售一个产品，他们最希望你提供什么？

财富阶层的跃迁

赚大钱和赚小钱的框架差别

黑石基金的创始人苏世民曾经说过，办大事和办小事要付出的努力是完全一样的。在赚大钱和赚小钱之间，付出的时间、精力、成本其实也是一样的。既然投入相同，那么赚大钱的关键究竟在哪里？

关键在于财富框架的不同。

> 赚10万、100万、1000万、1个亿都不是同一个框架，这不仅仅是勤劳致富的问题，财富每增加一个0，都不是单纯依靠努力和勤奋就能实现的。

小富靠勤，中富靠运，大富靠命。 实际上，不管是小富、中富还是大富，每一个层次都需要脱胎换骨，每一层都是框架的胜利。你需要建立一个能让收入提升10倍、100倍的框架，而不是简单地认为原来一天工作10个小时，现在想赚双倍的钱就工作20个小时。

要赚钱，关键在于动脑筋。

赚钱的4个环境框架：PEST

从宏观经济层面来看，框架主要包含PEST分析体系：P代表政治（Political）；E代表经济（Economic）；S代表社会（Social），包括人口结构、消费偏好等；T代表技术（Technological），包括技术发展、变迁和技术环境等。

这些都是影响各个行业和企业的重要因素。在宏观层面讨论任何问题，都可以运用这个框架。你需要从宏观和微观两个维度做决策，或者在把握宏观基本面的前提下做决策。框架就是层层剥离表象，直达本质。

举个例子，我们生活在地球上，生活在中国。在中国，我们是选择北京还是上海，这是最基础的框架。

如果选择了北京，接下来要选择哪个产业？是进入教育还是电商？是投身互联网还是新能源？

确定行业后，还要思考：是在头部公司工作，还是在一家新兴小公司工作？或者选择自主创业？这就是框架的层层递进。

你会发现，一个人每突破一个收入量级，背后都是框架的提升。框架提升的顶点就是PEST分析，随着框架层层深入，就涉及每个人都能做出的选择。

比如，资金该如何配置？是投资股市还是购买基金？是选择定投还是散投？是投资房地产还是其他理财产品？

生活在中国，很多人都忽视了一个事实：我们都在享受改革开放带来的红利。个人能力无法突破最大的框架，而这个最大的框架，就是你所在的国家。

如今，我们正处在中华民族历史上发展最快的时期，每个人都在享受时代红利。在全球范围内，中国创造了经济奇迹。中国实现连续经济增长，这在世界历史上都是空前的。

即使是普通人过着平凡的生活，在一些其他国家和地区人眼中，也是令人羡慕的对象。

因此，不必羡慕任何人，你已经处在正确的大框架中，拥有通过努力获得财富的可能。

在此，我想告诉大家：保持健康的身体，活得足够长久，适度承担风险，你就有机会赚到大钱。

建议你问问自己：在过去的人生经历中，你做过的最大投资或最重要的决策是什么？它背后的逻辑和框架是什么？

你可以认真复盘，分析这个框架是否正确，你的投资或决策是否有效。

赚钱关键要找到10倍要素的变化

有一本叫《一年顶十年》的畅销书，作者是"剽悍一只猫"。这个书名非常精准，"一年顶十年"意味着一年赚十年的钱，那么实现10倍收益是否可能？

答案是肯定的。实现10倍收益很难通过优化运营细节来实现，而是要从生产要素和商业模式的底层着手，比如：

10倍提升客单价；

10倍提升产品体验；

10倍提升客户数量。

> **当这个世界有10倍的变化发生的时候，就是阶层逆袭的好时候。**

因为这种10倍要素的变化往往反映了生产力的革新，就像打败胶卷公司的不是另一家胶卷公司，而是智能手机。毁灭和机遇，常常来自意想不到的变革。

这种财富量级的提升，底层逻辑就是框架的胜利。

赚100万元的框架

我们以100万元的框架为例。想挣100万元，说简单也简单，说难也特别难。社会上有很多挣100万元的机会，**关键是要跳出打工的思维方式。**

我之前提到过，挣第一桶金是最难的，因为改变人的底层思维最为困难。

以前总有人告诉我：你要上一个好的小学，才能上一个好的中学；上一个好的中学，才能上一个好的大学；女孩子最好读研究生，读完研究生最好考公务员，或者去当老师，最好找一个同样是公务员或老师的老公，这样你们的人生就圆满了。这就是一个传统的思维框架。

> **当你想跳出传统思维框架时，你身边所有在这个框架里的人，都会成为你的阻力。**

我曾经看到过一句话：如果你想变得有钱，千万不要接受你父母的"穷教育"。这句话虽然有些绝对，但细细品味，又有一定道理。

当我们在传统思维框架里时，随着大流走是最舒服的。可是一旦想脱离这个框架，你就得挑战所有人。所谓"父母的穷教育"，说的其实是一种打工思维，是一种按部就班的工作模式。

打工思维模式与创业思维模式之间主要的区别在于，打工者直接获取收入而创业者间接获取收入，打工者承担局部风险而创业者承担全部风险。

从打工者到创业者的身份转变，本质上是思维方式的逆向转变。当你开始思考自己正在做的事情是否正确时，这种体验是非常棒的。

我希望这本书能成为改变你思维方式的起点。

一个人走上创业之路，总有他的缘由。也许是遭遇了极端的体验，例如裁员、失业、重大人生变故等，这些原因促使他去创业。

但从0到1，最难的是勇气，最难的是你明明知道根据人类社会的一切数理逻辑推演，结果都是"你不该创业"，但你仍然做了，因为你想知道创业的体验到底是什么。你明明知道前面是"悬崖"，但你就是要往下跳，这就是可嘉的勇气！

> **上了高速修引擎，跳下悬崖开飞机。**

赚1个亿的框架

很多人问我：你身边那些身家上亿的人是怎么赚到大钱的？要是想赚到1个亿，你打算怎么做？

股权套现

一些上市公司的高管通过"股权套现"的方式，很可能有机会赚到1个亿。对于普通打工者来说，这个量级可以说是天花板级别的存在，因为仅靠"出卖"自己的时间和劳动力，很难获得亿元级别的财富。

马无夜草不肥，人无股权不富。如果你拥有了一家公司的部分股权，就有很大的可能性赚到1个亿。

把公司卖掉并套现

如果你是一个公司的持有者，还可以通过把公司卖掉来套取大量现金。我有一个朋友把他的公司卖给字节跳动，套现了20个亿。他的公司在当时的行业内并不是最好的，但他依然通过这种方式获得了大量财富。

自己开公司

创业、开公司的话，所有的规划、收入都是你的，这也是获取超高利润的途径之一。每年1个亿的现金流，平摊到每个月就是800万元。

这三种赚大钱的方式都和创业及资本杠杆有关。如果你真的想赚到大钱，离开资本杠杆是不太现实的，创业同样需要资本杠杆。

那么，赚大钱要考虑的原则是什么？

首先，要冒风险。

我创业后最大的感受是，我承担的每一份风险都对应着一份收益。高收益一定伴随着高风险，但高风险不一定带来高收益。你要确定你冒的风险对收益是有意义的，是与收益成正比的。

而且，冒的风险一定要有框架，因为在框架内冒险，比较容易成功。

其次，赛道决定命运。

创业时，赛道决定命运，选择比执行更重要。对人生来说也是一样。你选择和什么样的人一起生活，比你每天如何应对柴米油盐更重要。要记住，在做出选择的那一刻，胜败就已经注定了。

再次，拉长时间维度看问题。

时间维度也是框架的一部分，它可以拉得很长。比如，我买房子时考虑的不是我当时有没有孩子，而是考虑那些有孩子的人要买什么样的房子。这就是一个时间维度，是转换角度去赚钱。

很多事情，不考虑时间维度的话，决策会很容易，但也更容易犯错。也许你的房子短期内跌了1万元，你就赶紧抛售了，可等房价涨起来时，你又会后悔不已。

最后，认真践行。

我一直认为，人要花90%的时间去思考框架，再花10%的时间去把框架落地。成熟可行的框架固然重要，践行也必不可少。两者相辅相成，才能赚到大钱。

普通人最本质的理财观

读懂四个财富量级

人的财富通常有四个量级：身价、营收、利润、现金。

第一个是身价。这是大家特别爱说的一个词，但它的水分最高。

> 身价的本质，就是一个公司在股票市场上、在一级市场上的实际价值。

身价是一个"时点静态指标"，指的是过去某个时间点，一个公司曾经达到过的市场估值。倒推过来说，就是你拥有多少股份，你的身价就有多少。**可是，在财富的量级当中，大家在谈论"身价"时，没有考虑资金的流动性。**

比如，一个公司在一级市场的股票估值10个亿，即使某个股东个人银行卡里的现金已经见底，按身价来算，他的身价依然很高。

所以说，"身价"是一个比较虚的概念。就像房子一样，如果你有一套房，你能立即把它变现吗？相较于股票市场上的公司，房产的价值还算相对稳定，而股票市场上公司的价值随时可能蒸发。昨天还身价上亿的公司，今天的价值可能就是零。

由此可见，身价无法真实反映一个人的财富量级。

第二个是营收，或者叫业绩。它的水分也非常高，这个指标没有考虑商业效率，而且特别容易造假。一个公司的规模很容易靠人力、靠生产要素堆积上去。当我们只考虑营收时，就会发现有很多公司空有规模而毫无价值。

第三个是利润。相对而言，利润更真实一些。它是计算出来的税后收入。在刨除所有风险要素、缴税成本之后，利润是最后能够真实体现在账面上的财富，是这家公司最真实的东西。

但是，利润仍然有水分，因为其中还包括应收账款和账期。现在有很多老板是账上有钱，兜里没钱。账上一看，这个公司不错，营收一年1个亿，利润1000万元。可是看看公司账上的现金，会计可能会说：公司账上只剩100万元了。如果老板再不去追债，这笔钱还不够这个月给员工发工资。

计算一个公司的利润时，我们除了考虑应收账款，还要关注"预收款"。教育行业经常是"寅吃卯粮"，今年一下子收5年的钱，所以账上的现金远多于实际的利润。

第四个是现金。这是最真实的指标。

财富是一层一层地露出本来面目的。

在计算估值时，最底层的算法就是一个公司未来的现金流。所以，我看一个人的财富，不看身价，不看营收，不看利润，只看现金流。

一个公司的现金流能反映出它最真实的盈利能力以及最真实的市场竞争力。

所以你想了解一个人真实的财富情况，你只需要问他的现金流有多少。

普通人理财能不能致富？

对于90%的普通人来说，理财是毫无意义的。

一级市场（创业公司的股权投资）里有个合格投资人标准：如果你手里没有300万元的流动资金，就不算一个合格的投资人。

而在更加反复无常的、难度更高的二级市场里，却没有保护普通人的投资人制度。

实际上，我们建议手里没有500万元现金的人，不要考虑财富管理的问题。

我曾经有个95后女助理，她手里有四五万块钱，拿去买各种基金和理财产品，最后不仅没赚到钱，还亏损了30%。我问她是怎么理财的，她说，哪个基金经理名气大、公司规模大、评价高，就买谁的基金。到这本书要出版时，我看了一下当时她买的基金，已经有好几个基金经理去"吃窝窝头"了。

用逛淘宝的逻辑买基金，甚至有人买基金是看哪只基金卖得好就买哪只，这样挑选基金，不赔钱才怪。

投资最重要的是策略。任何一只基金，你买时看的不是基金经理好不好，而是他的投资策略是什么。

他投资的对象是白酒还是新能源消费？他投资的赛道是成长股，还是那些已经领先的白马股？

如果他投资的是成长股，那必然承担了更大的风险，但收益率可能更高；如果他投资的是白马股，风险可能没那么高，但收益率可能也不会有多大提升的空间。

你还要思考，他的投资策略是不是你喜欢的，是不是你认可的。换句话说，你应该能够判断到底是成长股的空间大还是白马股的空间大。

做任何投资，本质上都要看投资策略和你的投资理念的匹配度，看投资策略和你的财富量级的匹配度，看投资策略和你的投资期限的匹配度。

如果投资的明明是一只成长股，但你又要求它明年就要挣钱，那就是跟自己过不去。因为成长股需要10年才能体现它的优势。同理，如果你投资了一只白马股，那么你可能在3年之内就获得相当好的收益，但它的增长率却不一定高。所以，**投资之前要先思考投资策略和投资系统。**

如果以上我讲的你完全听不懂，那么你最好别入股市。

投资的风险：短期看微观，长期看宏观

任何一项投资，必然伴随着风险。

投资的风险可以分为系统性风险和非系统性风险。

系统性风险也称"全局性风险"，是人力难以改变的风险。火山、地震、疫情、政策等不可抗因素都属于系统性风险。这是一种可能导致本金损失的宏观风险。

资历尚浅的投资经理往往专注于微观数据，研究公司财务报表和现金流。而经验丰富的投资经理更关注宏观趋势的变化，因为失败往往源于宏观层面，源于系统层面。决定一个公司存亡的，往往是宏观风险，也就是系统性风险。

在非系统性风险中，人的风险最为突出。这种风险有时难以控制，比如你的投资决策正确，但投资的公司创始人私下转移了资产。即便你对行业和公司的分析都很到位，却可能忽视了创始人的道德底线。5年前他承诺"公司在我在，公司亡我亡"，5年后却改变了想法。

我身边就有这样的例子，有人把公司的车、钱、房产都当作自己的，最终因"职务侵占罪"入狱。

起初，一切都很正常。但随着公司快速发展，资金充裕后，人

就会改变，这就是人性。人性难以把控，人是不断变化的。有时候，人会成为决定成败的关键因素。

我们能看到的是公司的有形资产：房产、设备、员工、客户和项目物料。但投资成败的关键，往往在于一些无形因素。真正的投资风险存在于看不见的问题中：**公司创始人违法、行业政策变化、投资环境改变、疫情暴发、消费观念转变，这些无形因素往往具有致命性。**

此外，某些风险可以通过专业能力化解，只需寻求专业人士协助。例如，聘请专业注册会计师可以规避财务风险；通过准确的数据分析可以规避库存、销量、用户群等方面的风险。不过，这些可以通过专业人士规避的风险，通常不是重大风险。

选对投资对象，找对投资策略

选择投资对象的核心是考察人和事，将人与事结合起来，这就是你的投资策略。

当然，不同投资规模对应的策略重点有所不同。

> 天使投资80%的成败取决于人，人是投资决策的关键因素。

有一家教育科技公司，我们差点投资了他们。当时我的合伙人说："你要是想好了，我们就投。"但在最后关头，我叫停了，现在该公司的创始人可能已经逃到日本了。

我详细调查了这家公司，除了研究报表和产品分析，更重要的是与公司所有中层以上人员都进行了交谈。与创始人交谈是一个维度，与所有中层以上骨干交谈是另一个维度。

通过交谈，我发现了一个致命问题。这是一家"宗教型"公司。公司有统一理念是好事，但不应该以创始人的理念为唯一准则，让员工盲目认可创始人的所有决策。

这家公司的员工都是创始人的"信徒"，都信奉他的教育理念。他们有着相似的经历，都是中专或大专毕业，通过学习公司的课程改变了人生。

所有合伙人都是创始人理念的执行者。任何不以创始人为核心的人都会被排除在核心团队之外。

这家公司实际上缺乏真正的企业文化和价值观。一旦创始人决策失误，没有人能够制止。只要决策出错，公司就会陷入危机。

我当时就告诉合伙人，这家公司存在问题，我们不要投资。

后来，这家公司果然出现问题，原因正是创始人的决策失误。他为激励高管，采用众筹买房的方式：高管出资10万元，他配资10万元，用于炒房，再共同分红。他没有采用股权分红，而是选择"众筹买房套利"。后来房地产市场低迷，大量房贷违约。他无力偿还，只能选择出逃。

保险是为健康投资

很多人认为购买保险容易上当受骗，可能是无谓支出。实际上，我们可以换个思路，将保险视为一种投资。

人生中重要的保险有四种：人寿保险、意外保险、医疗保险和重疾险。职工医保是一种医疗保险，但有额度限制。以北京为例，职工医疗保险门诊费用上限是2万元，住院费用上限是30万元，如果医疗费用达到100万元，最多只能报销30万元（该数额可能随政策调整而变动）。

许多疾病和药品都不在医保报销范围内，我们可以适当购买补充医疗保险，即"大众医疗保险"。例如，某个病种在你的医保报销范围内，职工医保报销2万元后，剩余的3万元可由补充医保报销。

重疾险采用一次性赔付方式，如果保额是200万元，就会一次性赔付200万元。如果你是家庭的主要劳动力，一旦丧失劳动能力，这笔资金可以维持家庭生活。

从某种角度看，为自己购买额外保险，就是为健康投资。

因此，经济条件有限时，更要注重购买保险。特别是对经济基础薄弱的人来说，一旦遭遇重大变故，没有额外保险就束手无策了。

一个人的财富是系统性规划和积累的结果，而不仅仅是金钱数字的简单累加。要想拥有财富，首先要建立财富系统，在框架内实现收益。

我希望大家明白，我不是反对理财，而是希望你能通过各种方式寻找到这个世界的核心资产。

这个世界有其客观规律：90%的资产在贬值，10%

的资产在增值；90%的公司不值钱，10%的公司越来越值钱；90%的房产不升值，10%的房产越来越值钱。

做选择时，要找到那10%。将你的时间、精力、财富都投入那10%中。只要这个选择正确，其他方面就不需要过分努力。

把时间放在哪里，你就在哪里挣钱

理财的核心，就是做好决策。你的资金究竟是该放在股票市场、房地产还是银行？

每个人的决策都不尽相同，而作为一名投资人，我始终不相信任何基金经理。

这是由商业模式决定的：他与你不可能站在同一立场，你期待的是理财收益，而他赚取的是管理费。换言之，在收到你的资金那一刻，他的商业模式就已经完成了。如果有基金经理表示不收取基础费用，只从你的收益增量中分成，当他与你承担相同风险时，你才能相信他。

任何收取1%～2%管理费的基金经理都不可信，因为你们承担的风险不同：你承担本金损失风险，而他几乎没有风险，也无须为结果负责。

我的投资决策逻辑是：人把时间投入哪里，就要在哪里获利。正如老子所言："天之道，损有余而补不足；人之道则不然，损不足以奉有余。"这说明自然规律是阴阳平衡，而人类社会则是贫者愈贫，富者愈富。你在某件事上投入时间和精力时，就已经做出了选择。时间和精力是你最宝贵且不可再生的资源。

如果你能在现有赛道上追加投资，虽然会带来较高杠杆和系统性风险，但也可能获得更高收益。我建议在投入时间的赛道上适当加杠杆。

这个社会确实存在系统性风险，有些风险无法规避。

个人投资资产在1000万元以内时，不要分散投资。把鸡蛋放在一个篮子里，才能突破线性增长方式。

我的理财策略很简单：只相信自己，不买其他股份，适度使用杠杆，剩余资金存入银行。把钱存在银行就是在储备弹药，当发现千载难逢的机会时，就能及时出手。

关于理财，我想分享几点建议：

最好的理财是花钱

如果只有10万元，我会把它全部花掉。为什么？因为要赚到100万元，就要敢于承担这10万元的风险。

要认识到，**财富增长10倍往往意味着要冒着本金损失的风险**。如果靠每年积累10万，10年后的100万元可能还不及现在的10万元值钱。

因此，我会把钱用于学习、增长见识，以及任何能提升自己的事物上。

把钱投资在自己身上

钱要用在刀刃上，关键是用这10万元打造一个能赚100万元的收益机器。

比如，作为短视频操盘手，如果你的技能处于行业平均水平，收益自然也是平均水平。若已达到中等偏上，就该思考如何提升到顶尖水平。每提升一个层次，收益都可能是原来的数倍。

就像高考，名次每提升一位，都能胜过数千竞争对手。若已排到第1000名，就要努力冲击前100名。这期间带来的收益是巨大且可实现的。不要轻易改变赛道，而是要明确自己的赚钱机器是什么。

如果你擅长给朋友拍照，能否为网红服务？能否服务更高端的客户？能否进一步提升职业技能？

100万元以下的本金不要理财

100万元以下的理财，可以投资的都不是能够高速增长的标的，除了自己。

创业者常遇到的阻力是觉得自己能力不足，认为自己的技能无法变现。比如擅长拍照的人可能觉得在当前圈子里难以获得高收入。这时就需要突破圈子，将能力输出给需要的人，如不懂拍照的网红等。总能找到比你技能更弱、需要你能力的人。

切入点要小，需求要精准。可以教人制作视频记录、打造人设短视频，或开设声音训练营。找到对你能力有需求的群体，就能实现盈利。

所以你看，想把10万元变成100万元并不难。只要将你的技能打磨成产品，把自己产品化，打磨一棵自己的摇钱树，把你的摇钱树擦得锃光瓦亮，然后卖出去。

> **10万元不是用于消费和投资，而是用来擦亮你的摇钱树。**

财富与金钱是动态平衡的关系，需要时间实现均值回归。重点不是让银行账户每天增加几元，而是提升获取财富的能力。许多打工者过分关注账户数字，忽视了背后的能力建设。

特别是那些习惯"摸鱼"的人更需要警醒。他们以为赚到了钱，实际上创收能力在下降，没意识到自己即将被市场淘汰。

因此，建议年轻人不要"摸鱼"，不要做无意义的事，也不要过分在意账户余额。那只是数字，用完可以再赚。自我产品化至关重要，尤其是具有特定技能的新生代，要认识到自身价值并持续提升。

不要捡烟头，要投核心资产

投资界有"核心资产策略"，即在核心赛道中选择核心资产。无论是教育、电商、房地产、建筑、餐饮还是美容行业，都要找到核心资产。

选定核心赛道后，是投资第一名、最后一名还是第二名？这体现了逻辑思维能力。

很多人偏好投资第二名，但实际上，第一名的收益往往超过第二名到第一百名的总和。

> **一个有投资思维的人，就应该坚定地选择第一名。**

也就是说，白酒股只选龙头企业，其他都不考虑；科技股同样如此，这就是核心资产的投资逻辑。

还有一种"捡烟头策略"。

"捡烟头"就是在资产价格足够低廉时买入，期待其回归合理价值，赚取被低估的价值差。

许多人热衷于"捡烟头"，认为买得够便宜就不会亏损。但实际风险是这些公司可能会倒闭，即便收集了大量"烟头"，收益也很有限。

在市场快速增长期，"捡烟头"策略不可取；在市场停滞期或经济进入存量阶段，"捡烟头"则较为稳健。选择什么策略，取决于你对趋势的判断和对自身能力的认知。关键是要持续发现那些蕴含潜力的机会。

用投资人思维做投资

以前我是价值投资的信仰者，后来我发现，**要想得到你想要的结果，首先要活得足够久，其次是本金要足够多。**

想象一下，10万元，投资回报率达到股票市场上极高的20%，一年赚了2万元，明年投入12万元，还能维持20%的回报率吗？从长期来看，这很难。在整个股市里，即便是巴菲特，回报率拉长了也就20%。你确定你能跟巴菲特一样？

再想象一件事，如果你有1个亿，投资回报率是20%时，你一年能挣2000万元。这说明，只要你的本金足够多，就能赚到别人意想不到的钱。

但是，这样的钱只是一个数字，有什么实际意义吗？我认为，如果你不知道自己是靠什么挣的钱，就不应该把钱放在这上面。

我没炒过股，因为我认为把时间投在更重要的事情上，比炒股划算得多。

> **我的时间最为宝贵，我们应该把最宝贵的时间投资给自己。**

我做投资时其实挺自我的，很难被别人影响。投资做久了，我就不太在意别人怎么看了。即使80%的人都选了另外一条路，我也会想，万一他们都错了呢？其实，当80%的人都去做一件事的时候，你就应该远离那个市场。80%的人都站在同一座桥上时，桥很可能会塌的。

我做IP的心态比其他网红要好很多，这与我做投资的经历有关。我不太在意别人怎么想、怎么看，你喜不喜欢我，对我都没有影响。我做投资时面临的质疑更大，因为每个人的投资逻辑都不一样。投资人之间很少交换投资逻辑，每个人脑子里都有一套小系统，这是投资人的秘密，谁也不会把自己赚钱的核心逻辑告诉别人。

毕竟有市场就有竞争，第一名的公司有且只有一个，最好的标的有且只有一个。我们之间是竞争关系，我怎么可能告诉你我的逻辑呢？在投资市场里，信息是不充分流动的。一个公司刚兴起的时候外人是不知道的，只有内部人才会收到第一手消息，等到信息披露时，黄花菜都凉了。

投资就像一个老师傅的手艺，每个人都有自己的独门经验。没有哪个老手艺人会轻易告诉别人自己的祖传秘方。只有那些成功的人才会事后出来告诉你他们的逻辑。比如《价值》这本书的作者、高瓴资本创始人张磊，他的本金比大多数人都多。同样的逻辑，就算他告诉了你，你也赢不了他。只有当他确定一定能赢的时候，才会告诉你他的投资逻辑。

不要觉得投资只是投资人的事，人生处处都是投资决策。每个人的每一次选择，其实都是在投资自己的时间和生命。

你决定进入哪个行业，决定去哪家公司上班，都是如此。你的任何一个行为和决策都是投资。因此，一定要学会用投资人的思维去提高自己的决策命中率。

你要明白，**在这个世界上，确定性是最昂贵的，越确定的东西越昂贵。**

读到这里，我希望大家思考一个问题：

假设你有10万块钱投资自己，你打算怎么去投资？

如何让钱生钱，钱找钱

造富运动与代际差异

> **财富是一波一波的浪花，富人都是在浪花中集中涌现的。**

造富运动背后的关键节点，都是社会的巨大转折点。如果你观察赚钱的规律，就会发现这些关键转折点在默默地发挥作用。

1999年大学扩招与教育投资回报率

中国人对于教育的热情，主要来自超高的教育投资回报率，即教育年限每增加一年所带来的经济收入增加。而教育投资回报率高，本质上是因为上过大学的人才供给与改革开放后的经济需求极度不匹配而产生的人才溢价。

所以，中国家长对教育的极度"内卷"，源于他们对"教育能改变阶层命运"的印象，而这种印象又来自切身经历。这一代90

后、00后的父母，正是切实吃到了高考红利的一批人。

中国于1977年恢复高考，1978年第一批高考产生了10万名大学生，这个数量到1989年增至约50万。那时，中国大部分劳动力还是文盲。

在那个时间点，能上大学的人仍然是凤毛麟角。20世纪70年代每年出生人口约1700万，这意味着大学生是百里挑一，绝大部分人仅仅停留在识字的阶段。

高考红利的转折点事件，来自1999年大学扩招。

从扩招开始，中国的大学毕业生数量快速增加，到2024年高校毕业生达到1179万人。从高考恢复后的1978年第一届大学生开始，40多年的时间，翻了约100倍。

因此，大学毕业文凭从"金饭碗"变成了"没饭碗"，本质是人才供给快速增加，导致文凭红利消失。但很多父母仍用10年、20年前对教育的刻板印象，一味要求孩子"内卷"文凭和学历，这是不对的。

这是当代的刻舟求剑。

2008年房地产浪潮

房地产在财富增长这个话题下是躲不开的。

中国人一半以上的财富都聚集在房子上，几个红本本就是中国人的全部家当。但很少有人会去研究房地产增长的底层动力究竟是什么。

房子本质上不过是一些钢筋水泥，但在北京、深圳买和在苏州、长沙买，房地产的价格却截然不同。作为一个资产，房地产增长的底层驱动力，第一波主要来自城镇化。中国的城镇化率目前已达70%，也就是说，绝大部分人已经居住在城镇而不是农村。在改革开放的浪潮下，人们希望进城工作，安家落户，对住房的需求是基本的居住需求。

这是超强也是超大的造富运动之一。

2000年前后，中国住房制度改革深入推进，单位不再分配住房，房产从一种计划品开始转变为具有高金融属性的商品。这一波房地产价格上涨，给无数房产持有者带来了巨大的财富增长。

第二次价格上涨发生在2013年至2018年间。旧城改造加速以及外汇储备增长等多重因素共同作用，使得人民币经历了一轮通货膨胀，而房地产作为重要的资产配置方式，直接受益于通货膨胀，价格再度攀升。

我曾经和无数创业者沟通，发现一个现象：如果他们能够把创业积累的财富变成房子，那么基本上房子的增值速度会超过创业；但如果把创业赚来的钱再投入创业，财富基本就是流进流出，没有什么积累。

很多70后、80后老板和我开玩笑说，他一边创业，他老婆一边"蚂蚁搬家"地买房，结果发现老婆赚的比他多。

2000年互联网浪潮

互联网是人类历史上为数不多的相对绿色的造富运动之一，我说的"绿色"是指没有原罪、没有血腥的资本积累过程，没有对其他阶层的残酷剥削，而是在温和文明的方式下积累的巨额财富。

1997年互联网进入大众视野，2000年后开始高速发展，2001年中国加入WTO。中国进入了互联网时代，互联网对人们生活方式的改变是深入骨髓的。它颠覆了人们传统的生活方式，无论是信息获取还是传播、办公方式或是生活方式，都发生了翻天覆地的变化。

信件和手摇电话给人的印象已经十分"古老"，我们甚至难以相信很长一段时间里是靠它们来沟通的。

这期间产生了无数创业机会，目前中国几乎所有的互联网巨头都诞生于2000年前后互联网兴起的阶段。比如网易成立于1997年，提供免费电子邮箱服务；腾讯成立于1998年，2000年推出即时通信软件QQ；搜狐成立于1998年，是专注于搜索服务的门户网站；新浪成立于1998年；京东成立于1998年；阿里巴巴成立于1999年；携程网成立于1999年；百度成立于2000年；高德地图成立于2002年；奇虎360成立于2005年。

有个有趣的题外话是英语在这个阶段的重要性。因为中国的互联网和移动互联网初期落后于欧美国家，所以会英语、懂英语才能获取第一手信息。比如，马云最早是一个英语老师。到目前为止，英语仍然是获取信息最重要的手段和工具。虽然有了翻译软件和AI，但仍然不能取代英语能力本身的重要性。

2010年移动互联网浪潮

1997年乔布斯回到苹果公司，2007年第一代iPhone问世。但直到2011年，划时代产品iPhone 4S才开始大规模量产，这标志着移动互联网浪潮的开端。

这一波移动互联网浪潮让很多名不见经传的程序员直接实现了财富自由。

这里面产生的机会，主要来自智能手机大规模应用后产生的场景需求。比如用手机社交、通信，用手机购物、点外卖，用手机打车、玩游戏，每一个细分场景都产生了至少一家独角兽企业。

小米成立于2010年，2011年10月开始量产小米手机。美团成立于2010年，是第一家本地生活团购网站。陌陌成立于2011年，是一款基于地理位置的移动社交App。快手成立于2011年，最初是一款用来制作、分享GIF图片的手机应用，2012年11月转型为短视频社区App。今日头条成立于2012年。滴滴出行成立于2012年，是移动出行App。小红书成立于2013年，是一款分享海外购物经验的社区平台。货拉拉成立于2013年，是一款运货移动软件。拼多多成立于2015年，是一个拼团购物的第三方社交电商App。

当然，这些独角兽企业上市，又诞生了一批千万富翁，甚至亿万富翁。百度上市的时候，百度办公楼爆发出的欢呼声冲破云霄。如果你没有能力创办一家互联网企业，那么加入一家互联网企业，绝对是离财富自由最近的通道。

大象与跳蚤

过去40多年来，中国把其他国家几百年的路都走完了，产生了一种神奇的现象——阶层的折叠。

吃到不同时代红利的人，从白手起家迈入了不同的阶层和命运，差距巨大，互相完全不理解。我们可以同时看到，一个农民靠种田，一年只能收入几千元，而另一些人靠短视频直播，一晚上就入账百万元。

这些产生巨富的机会都隐藏在时代的造富运动中，但大家都能感觉到底层的变革在减少，不管是城镇化、技术创新，还是消费升级、劳动力红利。

接下来会是什么？

我认为，接下来可能不会再有那么多产生千亿巨头的浪潮了，但如果你只是想做个千万、百万量级的企业，那么还有无数的创业机会。

> **每一个没有被好好解决的问题，都可以成就一家创业公司。**

如果说过去的企业是大象，那么现在的企业就是跳蚤，小而美，小而精，生命力顽强，具有极强的适应能力和应变能力。

别忘了，恐龙灭绝的时代，蟑螂和蚊子没有灭绝。

教育投资的加速贬值

中国人的劳动力价格被严重低估，因为供给太充足了。

一个人拆迁后家里有200万元现金，但仍然可能为了100块钱的工资出去工作12个小时。这说明，比起消费，大部分中国人更爱储蓄，间接导致了劳动力供给过剩。另一个原因是中国人骨子里的勤劳，他们认为在家躺着就是一种巨大的不道德，哪怕已经有了下半辈子花不完的钱。

劳动力供给过剩，就导致劳动力的价格远远被低估。

前面我们已经讲了，过去教育投资回报率很高，每多接受一年教育，直接带来经济收入的增加。但在高考扩招的背景下，每年1000多万应届毕业生流入市场，让受过高等教育的劳动力失去了辨识度。

本科毕业时能拿到月薪1万元的工作却没有接受，等到研究生毕业，反而只能找到月薪5000元的工作。学历贬值的速度超过了教育投资回报率。

在这样的背景下，新增劳动力不断挤压那些有一定职场阅历的人，35岁的职场人士被无数愿意接受5000元工资的人冲击和挤压。工资并不会随着工作能力而弹性调整，导致很多职场中层被裁员和优化。

> 正因如此，我才会说，很多人以为打工很安全，其实这是错觉。你认为最安全的，可能恰恰是风险最高的；你认为风险最高的创业，其实锻炼的是内功，反而是最安全的。

你没有被风吹雨打，不代表安全。你的房子正在风雨中飘摇，只是你感受不到。等到房子被吹走、倒塌的那一天，很多人还在做着美梦。

擦亮自己的摇钱树

想赚钱，我们需要找到属于自己的摇钱树。

设想自己有几棵摇钱树：一棵是父母留下的房子，你将其出租获取租金收益；一棵是你在大厂上班，每月收入2.5万元；还有一棵是你正在自学短视频制作，虽然收益不多，但已经开始接单，每月能有几千块收入。

想赚钱，你需要具备这样的眼光：判断哪棵摇钱树的成长性最强，哪棵摇钱树最稳定，适合作为保障。

有的摇钱树表面看起来很庞大，但内里正在枯萎；有的摇钱树当前虽然弱小，却具备成长为大树的基因，值得我们长期投资。

想爆发式地赚钱，你就一定要认识一个道理：

财富的本质，是你为这个世界创造更高效率的能力。

识别摇钱树的关键在于，判断哪一棵摇钱树创造价值的效率更高、能力更强，那么这棵摇钱树未来就会更具价值。

新媒体杠杆

很多人问我："没有钱能不能创业？"

我认为可以，但没有资金创业并且能赚到钱的赛道并不多。大多数创业方向门槛都很高，已被一些有关系、有门路、有资源的人占据。**对于缺乏本金的人来说，新媒体是创业路上必须重点考虑的方向。**

新媒体除了需要投入时间和内容创作能力外，几乎没有其他成本。而且它符合零边际成本的特点：一条短视频制作完成后，可以被上百万人观看，无须付出额外时间成本。当上百万人消费了你的短视频内容，你就能获得超额收益。

我常说，如果连媒体都无法驾驭，其他创业只会更加困难。开个面馆、投资2000万元建工厂，或是找个物业开酒店？除了新媒体外，绝大多数创业都需要高昂的成本和丰富的行业经验，而这些成本和经验往往难以快速获取。

接下来，我们来探讨新媒体赚钱的核心逻辑：**获取人们的注意力。**

注意力是不断迁移的，在这种迁移中会产生无数新机会。比如从文字媒体到视频媒体，从长视频（优酷、爱奇艺、腾讯）到短视频（抖音、快手），从长文字（博客）到短文字（公众号或微博）。

用户没有真正的忠诚度，粉丝数量没有意义，平台的变迁才是关键。

普通人要善于观察平台变迁的规律，要相信人们永远在期待更好的内容。

学会投资你的时间

很多人认为投资仅限于金钱，但这个世界上最宝贵的是时间，是我们投入每个产品、每件事情上的时间、精力、能量和情绪。

> 要把每个行为都视作一次投资。

假设你需要一盏手工原木落地灯，你可以花3000元购买他人的手工制品，也可以自己购买材料制作。如果选择自制，你投入的时间成本会很高，相当于将时间和部分原材料成本投资在这盏灯上。

> 投资决策的水平还体现在人生的每次选择中。

比如你在大学期间交往的对象从一个农村小伙子成长为年薪百万元的高管，这也是一种投资行为。你投资了青春和情感，你的投资眼光优于其他同学。

从投资的角度思考人生，是否觉得更清晰了？我希望你今后再付出任何时间、精力、金钱时，都将其视为一次投资：你的策略是什么？你的框架是什么？

将投资的思维方式与人生结合起来至关重要。

要成为一个懂得为人生投资的人，就要亲近优秀者，向他们学

习投资策略和框架。当你处于弱小和无助时，你会觉得所有人都比你优秀。你想学习所有的框架，觉得每个人说的都有道理。这时，你要优先寻找价值观相同的人。只有在认同对方价值观，且双方的家庭背景、教育背景、人生底色相近时，你才会愿意复制他的成功模式。

我做决策时就是这样：即便一个人再优秀，如果我认为与他不是同类人，无法通过相同路径取得成功，我就不会刻意向他学习。

我与董十一交流就很有收获。首先，我们是江西上饶的老乡；其次，他也经历了从打工者到创业者的转变；最后，他也接受过良好教育，思维体系与我接近，价值观也相似。因此，与董十一交流时，我会思考：他的策略是否适用于我？

要想成功，要想学习他人的策略，一定要选择与你最相似的优秀者作为当前阶段的榜样，然后付诸行动。

> 补充一点，"白嫖"其实是最贵的，因为你付出了最宝贵的东西：时间，以及大量的试错成本。

产品、商业与
指数思维

一个老板最核心的能力，是做对核心决策的能力，是把握框架的能力如果一个创始人只关注细枝末节，没有框架能力，那这家公司很难做大。搭好框架，做对决策，这才是创始人应有的思维逻辑。

创业的关键是思维模型

不知道你有没有听说过"阿凡提与国王"的故事。

传说，别国使者来请求比试围棋，可是没有人能下赢使者，国王请求阿凡提帮忙赢得比赛。

阿凡提赢得比赛后，国王非常高兴，问："阿凡提，你想要什么奖励呀？"

阿凡提捋了捋胡须，笑着说："国王陛下，我只有一点小小的请求。请您在这个棋盘的第一格内赏我1粒小麦，在第二格内赏我2粒小麦，第三格内赏我4粒小麦。之后的每一格内放的小麦粒数比前一格多一倍，直至64格都放满应放的小麦粒数，就可以了。"

国王心想，这么点小麦，根本不是什么难事。

显然，这个国王没有学习过"指数"，不了解指数的威力，他不知道，即便把国库里所有的麦子都给阿凡提，也远远不够。

从这个故事我们可以看出，"指数思维"的魔力有多大。

传统企业的线性收入模型

什么是"指数"？为什么指数对我们理解风险投资、理解创业至关重要？

要了解指数，我们先从线性的商业模式开始，有了对比才能看出差别。

很多人创业、经商一辈子，鸡鸣而起，宵衣旰食，仍然无法在竞争中获胜，这是为什么？

这是因为，他们的底层思考模型可能还停留在线性思维。

线性的思维模式，典型的表达就是"一分耕耘，一分收获"。传统的智慧告诉我们，财富和努力是成正比的。对此，你是否也隐隐约约觉得不对劲？如果勤奋地投入时间、精力就能获取财富，为什么那么多创业者还是没有赚到钱？

让我们先花一点时间了解一下"线性"这个概念。线性的数学表达式是$y=kx$，k就是斜率，这个k代表了它的线性特征。（见图3-1）

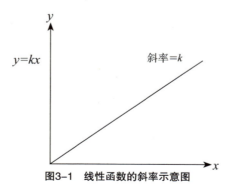

图3-1　线性函数的斜率示意图

很多业态的生意，都呈现出线性的特点。

在我的直播间里，有一个在青岛当地做精酿啤酒的创业者。他问我一个问题："陈老师，我现在一年有四五千万元的收入，毛利率有50%，想融资。"我顿时觉得很奇怪，他的公司这么赚钱，为什么还要融资？我追问他净利率有多少，他最后告诉我，净利率不到10%。

对于制造业来说，利润率不到10%，想赚更多钱，就必须先扩大产能，用规模来降低成本。想扩大产能，就需要更多的资金，这就陷入了"先有鸡还是先有蛋"的死循环里。（见图3-2）

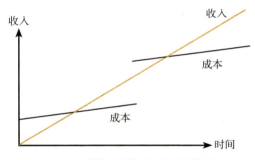

图3-2 传统企业的收入和成本模型

你们是否发现，这种传统企业有个特点：它的成本是阶梯式投入的。创始人在第一次做一件事的时候就需要投资，比如花200万元建一个厂房，就能生产出大约1000万元的货物。

在此期间，它是赚钱的。不过，它属于产业链的上游，不能掌控产业链的所有环节，竞争很激烈，也高度同质化，所以它的利润率不高。

但是，到了第二条线交叉的时候就很尴尬，它需要扩充产能，需要购买生产设备，这样才能增加收入。这个时候，瓶颈就出现了。

很多公司就卡在第一条成本线和第二条成本线交界的地方。他们需要扩大产能，需要融资，而收入需要很长一段时间才能追平这部分投入。假设在没追平投入时，消费者的偏好发生变化，或者公司出现现金流问题，那这个公司大概率就会"挂掉"。

再加上一些特殊原因，比如天灾、人祸、疫情的影响等，都会导致公司陷入绝境。**很多老板就是"死"在第一条成本线和第二条成本线之间。**

在线性的商业模式下，限制公司盈利能力的，是初始投入成本和管理能力。

接下来，我们继续看看指数型的商业模式。

互联网公司的收入模型

指数的公式是什么？

$y=a^x$

当$a>1$的时候，它的曲线图就会呈现出图3-3的样子，最低点是1；$a>1$的时候，它的指数函数就会按照这个趋势增长。

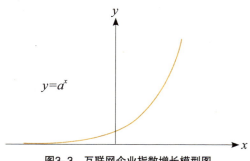

图3-3 互联网企业指数增长模型图

阿凡提请求放满64格小麦的数学表达式，是$y=2^x$。

最典型的指数型的例子，就是互联网公司。

美国公司"网飞"（Netflix，一个会员订阅制的流媒体播放平台）在1997年到2007年这10年间，主要做DVD租赁业务，累计用户不过600万。2007年网飞开始转型流媒体，将邮寄DVD的业务转变为通过网络平台在线观看的服务，到2011年用户总量达到2300万，大约是过去10年累计用户的3.8倍。后续的用户订阅数持续稳定增长，自2012年第一季度的2341万，至2018年第三季度已增至1.37亿。（见图3-4）

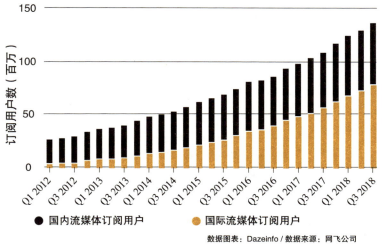

数据图表：Dazeinfo / 数据来源：网飞公司

图3-4　网飞全球流媒体用户季度增长分布图（2012—2018）

有人可能会问：指数型商业模式这么好，为什么大家不都来做？

这是因为人们很容易忽略一件事：指数型公司的成本结构中，巨额投入主要在早期。

比如，网飞需要投入大量成本制作精美的剧作内容。滴滴也是如此，它在早期需要投入大量补贴来获取愿意打车的用户，因为只有有了足够多的用户，才可以吸引更多司机来到平台上。马云孵化的阿里云，每年需要投入10亿元作为开发成本，并且阿里云的业务经历了漫长的亏损期，差点就等不到春暖花开、商业模式得到验证的那一天。

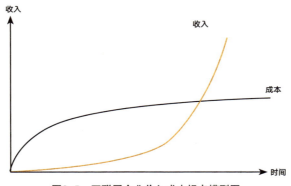

图3-5　互联网企业收入成本拐点模型图

互联网公司的收入和成本的模型，呈现出如图3-5这样一个"X"形的结构。在早期这个"X"形交叉之前，会呈现一种巨额亏损的财务状况。

这种财务损失，就是"战略性亏损"。这种亏损是有其合理性的，因为早期不栽树，后期就等不到开花结果，享受不到指数型商业模式带来的收益。

亏损最严重的时候，就是需要风险投资支持的时候。很多公司都经历了天使轮、种子轮、A轮、B轮、C轮、D轮融资。为什么要一轮一轮地融资？因为公司的收入和成本还没有交叉，整体上还处于亏损状态，这样的公司就非常适合风险投资去支持。

这种公司有个特点，成本主要在早期，收益主要在后期。就像阿凡提的格子，在第32格时还看不出它的威力。收益曲线越往后越陡峭。

线性思维模型与指数思维模型

> **指数型公司的收益曲线有其特点——越往后越陡峭。因此，过早退出或套现就是极大的浪费。**

我有一个朋友是美团的高管。有一段时间，美团曾出现前景不明朗的境况，导致很多高管纷纷抛售手中的期权和股票。我的这位朋友用20多万元就买到了别人手中的期权，还把身边人想卖的股票全买了过来。她特别看好美团，结果正是靠这些股票实现了财富自由。

你们想一想，当时那些20多万元就卖掉手中期权的人，他们并不理解这类公司是如何赚钱的。

如果你也持有一家类似这样增长模型的公司的股票，我建议你不要卖得太早，否则一定会后悔。

当然，如果你持有的是一家线性增长的公司的股票，那就要趁早卖掉了，因为越到后面，压力越大。

可见，**思维模型决定了一个人的命运。**

创业者如何利用指数思维方式

作为创业者，相信你很希望运用指数模型来检验自己的商业模式，或进行适当的修正，我给大家提供几条判断标准。

你的产品是长期有价值的

还记得指数的趋势，一定是$a>1$才能呈现U形上涨对吗？如果你的$a<1$，那么你会越做越亏损。"$a>1$"在商业上的意义就是，你的公司跨越了10年，你积累的用户、你积累的内容才有意义。

如果网飞上面的内容，昨天你刚看完，今天就觉得"什么玩意儿，不想看了，不想付费了"，说明它的内容经不起时间周期的考验，那就没有价值。

所以，第一个标准——长期有价值，就能排除相当一部分公司。

一定要有大规模的用户、长长的周期

为什么巴菲特这些老前辈总喜欢讲"滚雪球"？

其实，"滚雪球"本质上也是指数型思维方式。你们有没有发现，当滚雪球时第一个球落下来的时候是1.2，那它滚了一圈，是不是变成了"1.2×1.2"？

不过，**要想滚出个大大的雪球，你的雪要足够厚，坡要足够长。**

什么意思呢？这是我们风险投资行业中经常说的一句话："长长的坡，厚厚的雪。"**长长的坡，说的是你的周期要长；厚厚的雪，说的是你的用户规模要大。**

指数型增长有个反常识的特点：最大的收获期都在指数型的末端，也就是雪球越往下滚，滚得越大。所以坡度要足够长，雪要足够厚。只有这样，才能获取足够的利润。

如果你一共只有10个大客户，从思维方式的角度来说，就不太符合指数型的增长模式了。这种情况下，更可能是线性增长而非指数型增长。

零边际成本或低边际成本

互联网公司有个特点：早期投入非常高，但平摊到足够多的用户身上时，边际成本却非常低。早期的投入叫作"固定成本"，比如开发一款App的成本其实并不高，但随着用户量的增加，在App技术不再迭代优化的情况下，这个固定成本会被无限摊薄和分发，App的制作成本和分发成本都会无限趋近于零。

想一想，现在微信增加一个用户，抖音增加一个用户，会增加成本吗？几乎没有。而且，对这些用户来说，他们进入得越晚反而越高兴，因为平台上的生态越繁荣，他们能接触的信息就越多，体验也就越好。

按照我说的这些模型，大家可以思考并设计自己的商业模式。

当然，**每个人都可以选择走线性或非线性的成长道路，这是个人选择**。但我还是鼓励大家用指数的方式去构建自己的核心竞争力。

不妨仔细观察分析，你认为哪个行业是有指数效应的？你身边有哪些人是指数型成长的？

人也可以指数型成长

了解了指数型思维方式，如果我们不创业，与我们有关系吗？

> **当然有关系。关键是要选择有积累效应的事情来做，避免做没有积累的事情。**

什么是积累效应？就是去做那些10年之后仍然有价值的积累，比如写作能力、用户洞察能力、销售成交能力。

很多年轻人做同样的事情，为什么5年之后成就差距会很大？因为很多人缺乏思考底层逻辑的能力，也缺乏有效积累的能力。

赚钱的公司vs值钱的公司

在商业领域有一个很有意思的现象：有的公司很赚钱，却不值钱；有的公司不赚钱，却很值钱。也就是说，公司的赚钱和值钱并不能画等号。

值钱的公司为什么值钱？是因为这些公司将来能赚大钱。所有值钱的公司最终都是为了赚钱，值钱和赚钱只是不同阶段的问题。

指数型商业模式的公司，往往是早期不赚钱，后期赚大钱，越到后期赚得越多。所以，很多时候我们需要等待收获的那一天。

赚钱的公司往往是早期赚钱，后期不赚钱。也就是线性商业模式的公司，它们大概率也会面临"惊险一跃"。

比如，你开一家工厂，一开始投了100万元，买机器、买设备、做订单，然后发现这个工厂一年的流水能做到1000万元，订单量就饱和了。这个时候怎么办？"买新的生产线"是大家都能想到的答案。

问题是，你过去几年也就挣了500万元，可是新的生产线需要投入1000万元。你通过各种借钱、融资、贷款抵押后筹集了1000万元，把新的生产线铺进去后，可能挣到5000万元。

早期的线性模式就是这样，到一个点后就会饱和。饱和后必须投入新的供应链，才能开启第二条线性路径。在第一条线性路径和第二条线性路径之间，必须有次"惊险一跃"。

大量公司都是在这个过程中破产的。因为第一个业务饱和了，却没有勇气为第二个业务做投资。

从这个意义上说，是否要融资一定要基于你的商业模式和成本结构去设计，不能盲目。适合风险投资的一定是这一类型的商业模式——指数型商业模式。

另外，不同的阶段、不同的商业模式，决定了它适合的融资对象。有些公司就适合供应链金融和银行，比如说，它是供应链上的贸易公司，它的问题是要压货。货来了以后，它需要先垫付，再把货卖出去，每次都有个60天的周期。

赚钱与商业

定位：1万米的深度，1毫米的宽度

定位不是找赛道，而是找到你最擅长解决的问题。这两者的区别在于，赛道可能很赚钱，但你未必是最擅长的那个人。

定位有三层含义，如图3-6所示。

图3-6　定位黄金三角模型图

第一，人设定位，我是谁。

高手卖人设，低手卖产品。在产品差异化程度低和无法外化的行业，客户在实际使用产品之前是无法判断产品好坏的。毕竟，没有人会说自己的产品不好。如果让你站在10个律师面前，你也无法判断哪个律师更专业。

这个时候，人设格外重要。把自己当成一个产品去打磨，找到自己绝佳的人设定位，从过去的人生经历中找到一个宝贵的故事，讲述一个绝地重生、乘风破浪的故事，告诉客户：我也像你一样，我也曾经历过你的痛苦，所以我奋发向上，做出了这个解决方案。

人设定位的关键在于，从自身出发，从"我"出发，找到一个切入赛道的绝佳角度。

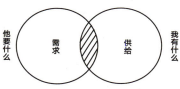

图3-7　个人价值定位的供需交叉图

你所具备的技能、经验，甚至看上去毫无用处的"特长"，都可能成为你创业的优势，为你带来意想不到的流量和财富。

我们在找人设定位时，可以采用交叉定位法。

用你的专业 × 你的爱好

作为一个销售，全国那么多销售，如何凸显自己？要学会找共鸣和借势，如图3-8。比如，把销售和《孙子兵法》结合。

图3-8　专业与爱好的价值交集图

我看过的一个比较好的定位案例,黄太吉的创始人赫畅做了一款产品叫"创业之道'毛选'知道",把《毛泽东选集》(以下简称《毛选》)翻译给千千万万的中国创业者。很多老板爱读《毛选》,但是读不懂,《毛选》其实是一本创业者的战略红宝书。

赫畅在创业的时候,就酷爱读《毛选》,作为一个曾经融资3亿元的餐饮创业者,这个定位实在是太精准、太适合他了(图3-9)。让人拍案叫绝。

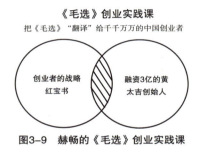

图3-9 赫畅的《毛选》创业实践课

用你的专业×你的经历

在你想做的赛道和行业中,用自己的经历画出细分定位,如图3-10。

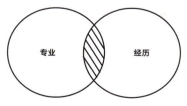

图3-10 专业经历融合定位法

比如,我有一款教创始人如何打造直播间IP的产品,这个课程的定位是商学院课程。新时代的创始人需要学习直播底层逻辑,但更需要懂商业思维、有商业框架的人为他们解读新时代的直播机遇，比如直播如何赋能企业的流量、销售、营销、融资和品牌。作为一名曾经的天使投资人，没有人比我更适合这个定位了。

直播商学课

做赋能商业的直播，而不是做被流量绑架的直播

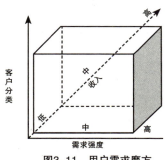

第二，商业定位，要赚谁的钱。

商业定位的核心抓手在于用户分析和价值主张锚定。价值主张是用户对优先级的排序，其艺术在于取舍，不要想满足所有人。如果你的产品能满足所有人，那这款产品一定很糟糕。

做一家小而美的公司，首先要学会正确筛选客户。只有敢于拒绝90%的客户，才能留下更多精力服务好剩余10%的客户，也才配得上客户给的高价。

在这里，介绍一个独创的工具——用户需求魔方，如图3-11。

图3-11　用户需求魔方

用户不是简单地分为男人、女人、老人、小孩，而是要首先进行正确的用户分类。

比如，教育培训行业的用户核心分类逻辑是状元、优等生、中等生、差生，因为四者的价值主张完全不同。

买房也是如此，不同人群的需求各不相同。首套刚需自住、二套改善居住体验，投资性房地产为资产增值，基于上车、改善和投资三类需求，价值主张完全不同。

在正确进行用户分类后，继续沿着用户的价值主张分析需求刚性程度。刚需产品具有很强的定价权和很低的说服成本。相比之下，伪刚需产品对客户而言则是可买可不买，这里用"伪刚需"而不用"非刚需"，是因为所有商家都会把非刚需的产品塑造成伪刚需，让你觉得自己很迫切地需要。

比如，小学三年级以前的所有教育培训需求，相对来说都不那么刚需。

我们按照"用户分类×刚需程度×收入层次"可以把用户分为27种，即"3×3×3"，在里面挨个分析思考，找到属于你的客户群体。

这里，再指出一个高客单价赛道的经典谬误：**高客单价赛道，并不一定都是富人买单**。典型的就是教育培训，一个年收入10万元的家庭花费万元补习英语是十分常见的，这都建立在正确的商业定位基础上。

第三，成交定位，他为什么为我买单。

我为 ＿＿＿＿＿人群＿＿＿＿＿ 解决 ＿＿＿＿＿问题＿＿＿＿＿

在找到人设定位和商业定位后，我们还需要设计成交定位。

成交定位是围绕用户的价值主张，击穿用户的购买意愿，让目标客户群体一眼就看到我们的特色，在茫茫人海中彼此锁定。

有一个口诀：我为谁解决什么问题，避免发生什么。

要清晰地描述客户得到后的利益点（痒点），以及减轻了客户哪方面的痛苦（痛点）。

比如，某个家庭教育专家的定位是为企业家子女解决厌学问题。

你的所有对外成交的核心抓手，都应该围绕这句话去设计，清晰无误地展示自己的独特价值。

定价：人群决定价格

价格是由什么决定的？

学过经济学的你可能会回答："价格由供需关系决定，围绕着价值上下波动。"

那么，我问你一个问题，价值又是由什么决定的？一个产品，为什么你认为一文不值，却能卖出万元高价，并且消费者趋之若鹜？为什么你认为最有价值的东西，却无人问津？

这个时候，你对"价格"的理解是不是开始迷茫了？

因为你忽略了一件事，价值除了客观存在的部分，更多的是一种主观效用。主观效用就是我喜欢，我需要。"私董会"这个产品，曾经在互联网风靡一时，有人卖10万元的私董名额，有人卖1万元，有人卖3000元，为什么同一个产品定价差距可以超过10倍？**更匪夷所思的是，所有购买私董会的人都觉得很值，所有不买的人都觉得这是在"割韭菜"。**

那么，当开发一款新产品时，我们究竟应该如何定价？尤其是新开发的非标产品，我们又要如何定价？

其实很简单，就一句话：

> **非标产品的定价由人群决定，由人群的支付能力决定。**

从人群出发，同一个商品，卖给不同的人群，可以有完全不同的定价，这就叫"差别定价"。同一个航班，给愿意买"尊贵服务"的人卖头等舱，给愿意买"实惠出行"的人卖经济舱。

所有面向成年人的产品都是这样，因为成年人的产品很少有续费。所以我们一定要充分"索取"客户的剩余价值，要充分地进行人群识别和差别定价，才能赚到足够的利润。

创业就是创造性地解决问题

创业在某种程度上是解决问题。比如，我过去觉得自己是一个没有管理能力的人，但未来我可能会逐渐培养这方面的能力。过去，我不知道卖什么产品好，就从第一个产品开始，在销售过程中，我逐渐发现原来产品是这样设计的，原来卖东西是这么卖的，原来还可以做会议营销……

因此，**当一个人创业时把"解决问题"当作理所当然的事情，就是一步步走向成功的时候。**而且，你不仅要解决问题，还要创造性地解决问题。

对于创业公司来说，可以用很低的成本或代价，去解决别人要花很多钱才能解决的问题。因为创业公司的优势就在于规模小、灵活性强、成本低、效率高。

对于一个大公司来说，花100万元解决一个问题可能是正常支出。但是对于小公司来说，需要有花1万块钱解决一个100万元问题的思维，这就是"创造性地解决问题"。

我在蓝象管理新媒体部门的时候，我们有一项非常厉害的业务和技能，就是可以全网发布融资通稿。我们可以做到不花一分钱，将一篇文章在所有主流的科技创投媒体上全网宣发，进行大规模曝光。

这样的曝光，放在大公司做的话，收个几万元到几十万元根本就不是问题。对于我们合作的所有公司，只要他们有需求，我们都可以免费帮他们创始人安排一次全网曝光，相当于让他上一次创投圈的热搜，这就是我们创造出来的优势。

老板不需要安眠药，老板需要利润

任何不为公司创造利润的员工，要逐步优化；

任何不为公司创造利润的部门，要全部砍掉；

任何不为公司创造利润的产品，要全部停掉；

任何不为公司创造利润的环节，要全部优化。

做生意要会算账，但是很多人似乎天生不爱"斤斤计较"。等到反应过来的时候，现金流已经枯竭和断裂了。所以老板一定要有算账思维，脑子里要有一本清晰的账本。

在商业模式中，要关注几个重要的指标，这几个指标合在一起就是利润。创业环境的转变，从大象到跳蚤，就是从追求规模到追求利润的一个思维转变。

从财务角度来说，利润公式如下：

利润=客单价×销量－交付成本－销售成本

第一，销售成本。 主要是获客成本（Customer acquisition cost，CAC获取付费客户的成本）。

比如从百度买一个表单是300元，那么获客成本就是300元。除了买线索的获客成本以外，还有销售部门的工资以及奖金提成。这些综合来看，都是销售成本。一般来说，不同行业的销售费用率不能超过30%，也就是销售成本在营业额中的占比不能高于30%，否则就面临没有预算来投入产品和交付，或者干脆没有利润的情况。

在一些比较极端的行业，获客成本会占到将近50%，这样的行业一定要想办法自建销售渠道，降低获客成本，否则很难维持生存。

第二，**交付成本**。这里面主要是一些为了提升业绩而必须跟随发生的成本，包含原材料、客户服务人员的工资和奖金。

比如，餐饮行业的交付成本主要是食材，教育行业的交付成本主要是老师工资。一般来说，交付成本最高也不要超过30%，但是，除非是互联网产品，否则交付成本也不能过低。过低的成本往往意味着没有产品力，为了控制成本把交付的人砍掉了，无异于杀鸡取卵，裁员裁到了大动脉。

做生意的老板中，一半以上对于什么是毛利润没有概念，做了一辈子生意不会算账的大有人在。这在过去可能行得通，但是在利润越来越薄的当下，还是大开大合、大手大脚，很容易陷入"一文钱难倒英雄汉"的境地。有老板在"某第一高楼"大厦的开发过程中，好大喜功，盲目开发，最后就因为募不到1000万元，导致十多个亿的投资功亏一篑。

如果一个老板每天睡觉前不知道自己公司利润到底有多少，那他应该辗转反侧，难以入眠。

续费还是升单？

什么是优秀的商业模式？很多人脑子里首先蹦出来的词大概率是：刚需、高频、高续费、高毛利。

难道不刚需的、不高频的、不是高续费的生意就不是好生意了？很多人恰恰就是被这几个概念局限住了。一开始我也是这样想的，但随着自己创业的深入，我慢慢发现，似乎并非如此。

有很多生意天然就没有续费，天然就不是高频，比如家装、医疗、留学，又如移民、知识付费等。

这样的生意还值不值得做？你是不是又迷茫了？

但是我告诉你，刚需又高频，又高续费，毛利还高的生意有没有？有，教育培训。2万亿元的大市场，几十家上市公司，很多都赚得盆满钵满。但是这样的生意是可遇不可求的。

我们并不是要一味追求极致完美的商业模式，在做不同生意的时候，要思考不同生意赚钱的核心点。

我经常说一句话：

> **成年人的知识付费核心在升单，青少年的教育培训核心在续费。**

很多人在做知识付费这个行业时，经常套用续费的思维，希望能让客户持续续费，觉得只要产品好，客户就会续费。

但是你有没有想过，你的产品越好，客户越不可能续费。因为客户学会了确实没有必要续费，除非你是成人知识付费的会员类产品；没学会，那就更没有必要续费了，哪个客户也不是冤大头，被割了一刀还要伸头再来一刀。那赚钱的逻辑在哪里？

> **赚钱的逻辑就在于提供定制化、高价值的服务，让不同的人支付不同的价格，购买不同的服务。**

第一个层次，教他做，提供标准化的课程和培训；

第二个层次，陪他做，提供半定制化的陪跑服务；

第三个层次，帮他做，直接上手帮他做，对结果负责，按照结果分成。

价值主张是商业模式的核心抓手

创业，就是把用户需求转化成产品，而对用户需求的洞察，最核心的是对用户价值主张的分析。

价值主张（Value Proposition）指的是对客户真实需求的深入描述，就是对客户来说，什么是有意义的。

创业的核心，就是发现问题，解决问题。我们在发现并解决一类问题时，一定满足了一部分客户的价值主张，自然就会赚取收益。**价值主张就是我们商业模式的核心抓手，也是我们定价的核心逻辑。**

价值主张本质是不同人群对于需求优先级的排序。不同的客户有不同的价值主张，一个客户可能对一个产品有三五个价值主张。但是，研究价值主张的核心在于抓住最重要的价值，并且把产品聚焦在一个最重要的点上，聚焦在最有收益的事情上。

比如，对某一类客户来说，购买产品的理由可能只有一个——绝对的低价。这便是此类客户的价值主张。

研究价值主张的意义在于，创业公司在做产品时也要有取舍。一个产品，核心就是把一类人的价值主张吃透、吃绝，让这类客户即使再讨厌你，也必须买你的，没有别的选择。这样，公司才能在创业初期活下来。

我举个例子，在教育培训行业，一般来说，我们会把用户分成四类——状元、优等生、中等生、差生，如图3-12。

图3-12　教培用户同心圆分层模型

优等生的价值主张就是希望往"状元"靠拢，成为状元，诉求就是提分。前10%的竞争极其激烈，所以他们容错率很低。他们会为了一个名师付出非常高的成本和非常大的努力。为了提分，他们可以付出更高的时间成本、金钱成本，往往优等生的家长也会更愿意投资。

所以，优等生的产品往往是线下课才能满足的，因为线上课虽然收费是线下课的1/4，但往往无法保障提分的效果，优等生不会为了便宜而选择线上课。

中等生往往是普通人中最可爱的群体，德智体美劳全面发展，既想课后学习街舞，又想练练英语口语，成绩不高不低，聪明可爱，没有短板，也没有长板。他们的爱好广泛，但往往在每个爱好上的投入度都有限。

他们的诉求就是性价比，因为爱好广泛，要投入的东西可不少，所以他们往往会成为线上课的学员。

差生的诉求就是补差，响鼓要用重槌敲，一般的产品已经无法满足差生的需求，差生往往是1对1高价补课班的客户。

不理解价值主张，就无法做出用户满意的产品设计。商业永远都是用有限的资源去满足客户，价值主张就像是指南针，没有指南针，就无法做出取舍，很容易在商业世界里迷失道路，陷入盲目多元化发展。

小公司别做性价比

什么叫性价比？性价比不是假冒伪劣、粗制滥造。

性价比是相对于同行来说，提供更加低廉的价格，即同样的品质，更低的价格。

> **低价的产品获取客户是容易的，但从长期来看，低价是一条非常难走的路。**

至少小公司应该摒弃这条路。因为低价意味着远高于同行的生产效率，投入更大的生产线，良好整合的供应链。

以"性价比"作为卖点的公司，大部分时候是在为产品不优质而找借口。优秀的公司并不强调"性价比"，苹果手机不便宜，华为手机也不便宜，但无数人争相购买。大部分人当然希望同样品质的物品价格更便宜，但你别忘了，品质是价格的前提。

低价，很多人以为是小公司应该考虑的一条路，但恰恰相反，低价是只有大公司才能维持的一个战略，因为供应链优势往往意味着规模优势。

所以，小公司走不了低价这条路，只能走差异化的高价路线。

小公司走低价，往往会陷入"内卷"的价格战，就像是通过止痛药来治病，治标不治本。

> 所以，越是小公司，越要卖高价。高价产品不好卖，唯一的方式就是绝对地垂直、绝对地专注、绝对地自制。通过垂直+差异化战略，找到自己的核心优势。

1万米的深度，1毫米的宽度。

找到一个针尖大小的点，扎穿痛点，"做到"不够，还要"做好"，"做好"不够，还要"做绝"。

先卖后做，而不是先做后卖

前面讲到了商业模式的核心在于从用户需求出发，核心是把握和研究人群的"价值主张"。那么，如何去测试我们的产品和客户是匹配的？

我经常看到很多新手创业者浪费了大量的人力和财力，去测试一个新的产品是否能赚钱。这是不懂创业的表现。

假如我想做一个专门买卖二手办公家具的网站，那么我没有必要先花3年时间、上千万元去整合办公家具的二手供应链资源，我的核心是要论证"二手办公家具，大家愿不愿意在线上购买"。

这就是"精益创业思维"，用低成本高效率的方式快速试错，快速完成MVP（Minimum Viable Product，最小可行产品）。

> 换句话说，就是先卖再做，用"能不能卖出去"来检验产品需求，检验完成后再去研发产品。

为什么我提倡这样呢？

因为用户是会说谎的，而且大部分用户其实并不知道自己愿不愿意买单，直到这种产品呈现在他面前，他才决定要不要买。

另外，你还可以用这种思维方式反向验证产品的定价。

如果你不知道价格是定在200元、300元还是500元，那我们可以把用户分组，每一组用户单独发送不同的价格和海报，控制所有其他变量，用来倒推哪个价格的销售转化率最高，而不是拍拍脑袋随便定价。

用户是用脚投票的，成交买单才是对一款产品真正的认可，所以测试需求的唯一可靠方式就是卖出去。卖得出去就是有需求，卖不出去，夸到天上有地下无，那也是伪需求。

天天卖，持续卖，一直卖

> 从长期来看，没有哪家公司的失败，是因为"不会卖"而失败。
>
> 但是"不会卖"的公司，是看不到明天的太阳的。

闭环思维

闭环思维，就是从客户是否愿意购买这个角度来思考产品开发。

很多创业者会逃避"卖"这件事，他们把头埋进沙子里"做产品"，花3到6个月的时间，沉浸在业务和产品的细节里。但他们从不思考全局，不做销售，不做流量，这就是缺乏闭环思维的表现。

"闭环思维"的意思是，**当你开始做一门生意的时候，你就应该有全盘的思维方式。**当你在做一项新业务的时候，你脑子里要有个闭环：从哪里进货？做什么产品？怎么获取流量？如何销售出去？……**不要沉浸在某一个细节里，用完整闭环的全局概念去推**

动，以终为始。

先思考卖的问题，甚至可以直接开始售卖，再去打磨产品。

假如你想做知识付费的产品，你可以先列一个课程表，有一个虚拟的框架，告诉大家你已经有产品了。如果用户愿意买单，那说明你这个产品的框架没问题。你还可以打造A、B、C、D四个产品，A产品标价99元，B产品标价999元，C产品标价1万元，甚至你还有10万元的D产品。你可以在把99元的产品推向市场时，有A、B、C、D四个不同的主题。

> **不同的产品推向市场之后，用户会通过付费告诉你，他会为什么样的产品买单，哪个产品大家愿意付更多的钱，你再去开发哪个产品，这就叫闭环思维。**

你把产品售卖出去之后，你会知道用户在为你"用脚投票"，你就能判断大众是否真的有某个需求，某个客单价是否合适。这样你再去打造产品时，就可以节约大量的时间。否则，你提前花3到6个月的时间开发产品，沉浸在产品细节里面，等到销售环节你发现根本卖不出去，或者客单价、侧重点、用户的需求不对时，你就只能傻眼了。

要有产品的闭环思维，要跳出自己思维的局限。"先销售再生

产"就是一个打磨产品的典型。

先去做代理还是直接开个工厂，这两者之间最大的区别有两点：

> 做代理，你能很快学会所有业务细节，与用户产生真实的连接，之后倒推生产时效率更高。
> 现在各种各样的"泡沫"项目太多了，如果你开工厂，也许1000万元投进去就没了。

给同行做代理其实就是在测试用户的需求，测试市场是否真实存在。
真正的创业高手都具备闭环思维、以终为始的特点，他们通过销售感受市场和业务的细节。

比如，你想开家奶茶店，你可以先去一家火爆的奶茶店工作3个月，计算开奶茶店能挣多少钱。这样你既有工资收入，还有人教你，还能了解开店时会遇到的各种细节，如选址选在哪里，原料从哪里进货，这就是具备战略能力和闭环思维的好处。

高端的销售，是顾问式销售

1988年，美国销售专家尼尔·雷克汉姆（Neil Rackham）跟踪研究了上万名销售人员，得到了一个出乎意料的结论：

业绩好的销售人员并不轻易介绍产品，而是善于提问。

倾听和提问，说明重点并不在于产品功能介绍，而在于用户需求的挖掘和引导，围绕客户需求去激发，与客户成为朋友，让客户需求得到满足，找到产品与客户匹配的角度。

顾问式销售，尤其适合高客单价产品。小而美企业在做成交和销售时，一定要把重点放在顾问式销售上。

我们来想象一个场景，当美容院的技师拿着美容仪器让你看到脸上的各类皮肤问题，然后告诉你，你的皮肤很差，很红，瑕疵很多，有痘印和红血丝，相信你内心已经隐隐约约感觉很不舒服，甚至有点愤怒。

这就是过去传统的销售逻辑，他们通过放大焦虑来完成销售。

但是高净值客户往往不吃这一套，因为他们的判断能力远远强于一般人，他们的自我价值感更强，不会允许别人冒犯自己。

思考一下，你会在体检后拒绝医生给你的建议吗？医生耐心地为你体检，并且告诉你，你的胆固醇高于同龄人，已经达到一个危险的边缘，并且为你提供了一套降低胆固醇的营养方案，你会拒绝吗？

这就是"顾问式成交"，针对每个客户，定制化"体检"，并且针对客户的不同需求，有针对性地提出解决方案。**站在专业的角度去成交，越是高净值的客户，越愿意为专业和服务而付费。**

我们的销售就是顾问式成交，我们的心得和体会有几点：

第一，顾问式成交里，没有客户和销售之分，只有需要产品的人以及帮助客户解决问题的专业顾问。

你需要在专业上培养你的销售顾问。很多公司并没有花时间和精力去培养自己公司的销售顾问，专业度甚至不如业余人士。

有些销售甚至拿着公司的企业微信号、客服号去和客户沟通。这样做，客户就不会尊重你的顾问的专业价值。而我们的销售给潜在客户打完一通电话后，客户因为体验到了专业的咨询服务，愿意主动给我们的顾问发500元红包表示感谢。

第二，顾问式成交的核心在于案例库的积累。

我们的客户来自各行各业，他们更加在乎的是，有没有和自己同类型的客户案例，如果有同类案例，我们会如何解决。比如，留学行业客户需要的解决方案和餐饮行业需要的解决方案是截然不同的。

所以培养一个合格的销售顾问非常不容易，需要结合不同行业的特点，积累案例，需要长期的学习和培养，还要有大方的举止，得体的言行。但是相信我，这一切都是值得的，一个合格的销售抵得上普通销售的10倍业绩。想卖出10万元的产品，顾问也需要有更高的培养门槛。

研究客户，而不是研究同行

开车时没有人会一直盯着后视镜，但是创业时，很多人就会这么做。

"看后视镜"，就是研究你的同行。你可以偶尔这么做，校准一下方向。

创业时，我们最应该把注意力专注在前方，也就是把目光放在你的客户身上。

在创业过程中，我经常发现很多老板会非常焦虑地每天研究同行，越看越焦虑，因为同行放出来的往往是"烟幕弹"和"臭气弹"。

总有人在我创业的过程中，不停告诉我：你看看你的同行，他又推出了一款产品，卖得非常好，据说他每个月的营业额达到了200万元，我有一个朋友也买了他的产品。

我不胜其烦，因为连自己都没听过这个同行，但是我们身边的朋友已经很热心地帮我们打听好了所谓"同行"的所有信息。

我很想假装对同行感兴趣，但是我真的觉得很无聊。

相反，如果我关注客户的需求，我就会有无穷的创造力，可以思考是否调整产品，是否增加交付内容。

想一想，开车时如果目视前方，风景优美，鸟语花香；但如果一直盯着后视镜开车，那么就真的有"翻车"的风险了。

现金流是你的命

权责发生制和收付实现制是会计的两个原则。在财务世界中，已经收进来的钱不是公司的收入，而是公司的债务，是客户给你保管的，只有交付完成，这笔钱才是公司的。

但是有太多老板把善良的客户当成傻瓜，钱进了他的兜里就泥牛入海。比如健身房、美容院、很多教育培训机构，都有类似的问题。

如果你是一个诚信的商人，为了避免有一天因滚雪球把客户的钱用作扩张以至于不得不跑路，我建议你：**账上永远要保留一笔钱，我称为"企业安乐死的钱"，这笔钱需要足够让你还清供应商、客户预收款和员工遣散费**。这是每个公司都应该建立的现金流生命线或水位线。

就像"水位管理"一样，水位低到这个程度就要预警了，不能再低了。公司现金流也是一样，它的生命线在哪里，你一定要清楚。

人是一切事的前提

> 创业的本质是人，人是一切事的前提。
>
> 人对了，事就成了。再好的事情，如果没有合适的人，那就铁定做不成。

大部分时候，机会摆在那里，相信你也看到了，可你就是做不到。之所以做不到，是因为人不对——或许是合作伙伴不对，或许是员工不对，或许是自己不对。

在创业过程中，你要时刻关注"人"，也就是关注自己，还有你的团队。

只有人顺了，事才会顺。很多人特别容易犯的一个错误，就是过早进入事的层面，而忽略了人的层面。

创业者是天生的

创业者是天生的，他们天生是嗜血野性的狼，而不是温驯圈养的羊。

极强的成事欲

在创业者眼里，一切都关乎结果，为了结果他们会发挥超高的创造能力。从0到1架构一个产品，打造一个作品，他们不能容忍庸才来干扰这件事。如果你阻碍了他们，那你最好小心他们的怒火。但是放心，他们对事不对人。

有担当、敢于冒险

勇，是创业者最稀缺的特质。

狭路相逢勇者胜，创业绝对是勇者为王。这不是一个讲人情的地方，也不是一个能够好好商量的地方。成王败寇，狭路相逢，只有坚定、敢于冒险、拥有超强心力的人，才能担得起一个"勇"字。

创业公司和大公司不一样，创业公司是"战时机制"，大公司是"和平年代"，创业公司的老板，每天面临的都是生死存亡，一不注意就是粉身碎骨，万劫不复。

所以不要用大公司的标准去要求一个创业公司老板。

具有领袖魅力

领袖魅力，就是浑身散发出一种气质，吸引优秀人才，成就优秀人才。

有领袖魅力的人，往往具有前瞻的眼光和战略思维能力，让他人甘心追随。要知道，人才不管是否表现出来，内心都是心高气傲的，他们有自己的判断能力，绝不可能追随一个平庸的领导。

"臭味相投"的合伙人

能找到一个"臭味相投"的合伙人，简直比找到一个灵魂伴侣的概率还低。

> 有的时候，不必为了抵抗创业的孤独，硬给自己找一个所谓的合伙人。高质量的孤独好过凑合的结伴。

我在创业早期时邀请了很多人和我合伙，到现在为止，我还是一个光杆司令。曾经我非常孤独和迷茫，害怕独自承受创业的决策压力，希望至少能有个懂我的人，可以一起探讨交流。到现在为止，我已经不强求了，因为合伙人遇得到是命好，遇不到不用强求。

我有一个投资人朋友做了一个内衣品牌，主要是通过直播电商去销售。偶然的机会，我见到了她和她的合伙人。私下的时候，我忍不住提醒她："你跟你的合伙人不是一类人，恐怕你们很难走得长远，你要做好心理准备。"她惊讶地说："你不是第一个这么说的。"

她的合伙人以前是做微商的，身上的江湖气、匪气很重。而我的朋友是投资人出身，是典型的学院派。这两人简直是八竿子打不

145

着，如果仅仅是学历出身不同，那倒无伤大雅，关键是，两个人对于如何赚钱的价值观恐怕也是截然相反的。

一个匪气的微商系创始人与一个学院派的投资人，他们的赚钱价值观必然不同，未来一定是"同床异梦"。

气质不合，价值观不匹配，不可能一起走得长远。

创业第一天就应该有的价值观

> 价值观不是用来挂在墙上的标语、口号，而是用来指导团队的原则。

在法律和道德的边界之内，有很多模糊的领域，你需要用价值观来明确。你要明确地告诉你的员工，你在鼓励什么，你在否定什么，你希望他们怎么做。

当你的员工遇到法律和道德涉及不到的事情时，他应该怎样去处理。这是企业文化要去管的部分。比如，在看不见的地方，员工到底是怎么接待客户的？在看不见的地方，员工应不应该收回扣？

一个小微型企业，即使只有三四个人，也要重视企业文化和价值观。比如我们公司的价值观：

保持正直，不该赚的钱不赚

创始人的"基因"，决定了这个公司的"基因"。创始人的价值观，决定了公司的价值观。

> **价值观不是你做了什么，而是你不做什么。**

我们每次做一个产品，都会问自己，这个产品是仅仅为了赚钱，还是真的对客户有价值，有帮助。我们是否在利用自己的流量来赚自己不该赚的钱？

在我创业早期的时候，总有各路人马变着花样教我怎么割韭菜，让我去抄这个公司，模仿那个公司。说不心动是假的，创业那么苦，但是最后我们还是拒绝了。结果说明一切，那些公司都挂了，我们还在。

拒绝虚假和过度承诺

我对销售人员的要求是，绝对不允许过度承诺。过度承诺会导致差评或口碑等问题出现。不管是谁，违反了这个要求，都要受到处罚。

很多公司都不会这样做，他们的做法是先卖出去再说，表面上业绩不错，实际上很影响公司的口碑和形象。

因此，在跟客户沟通的时候，一定要确保客户知道我们在卖什么，不要给客户一些不切实际的期待。

千万别觉得我提的这两点很简单，看看身边，99%的企业都做不到。

4

IP与小而美的
商业模式

你做还是不做，看似是个选择问题，实则是价值观问题

> 我们每个人，在任何阶段，都要把自己当作一款商品，持之以恒地建立自己的品牌，在特定领域树立口碑和商誉。

当你有这样的意识，并且坚持不懈地输出文字、视频等作品时，你的人生将处处遇到愿意为你付费的高端客户，处处都有想帮助你的贵人，我们无须反复地自我推销。

个人IP与长期主义

很多人做个人IP时完全是在盲目跟风，或者因为同行的压力而不得不为之。他们根本没有想清楚什么是个人IP，所以一旦遇到一点风吹草动，就立刻丢盔弃甲。

> 个人IP并不是老板的专属，每个专业人士，甚至每一个有长远眼光的人，都应该去树立个人品牌。

个人IP的兴起，本质上是由信息传播从文字向视频转变导致的。在视频中，人脸天然就比其他内容更有辨识度，很多国家的纸币之所以要用人脸防伪，就是因为人类对人脸的敏感度超乎想象。

我需要提醒你，这一点是不可逆的，就像你不会丢弃智能手机而重新使用诺基亚一样，品牌的个人化、脸谱化是一个不可逆的趋势。

所以，现在的企业需要从单一的企业品牌，升级到个人品牌与企业品牌双轨运作。

当我们谈个人品牌建设时，其实远比个人IP孵化的概念更广、更深，时间也更为久远。

建立个人品牌具有长期效应，需要持续10年时间慢慢积累，当然，你也会持续10年受益。不过必须坚持投入，不能中断。

没有个人品牌意识的人，就像是浮萍

一个有个人品牌的人，不需要主动去成交；没有个人品牌的人，总是像一叶浮萍，随波逐流，被时代浪潮裹挟着左摇右晃，需要不停地反复进行自我包装，然后几近于盲婚哑嫁地屈就于一个岗位。

有个人品牌的人通过长期写作，输出优质内容，能吸引价值观、品位、思维模型底层相似的人主动成交和合作。这样吸引来的人，好到令人难以置信，这是那些没有个人品牌的人无法想象的。

创业之后，我发现很多个体户，在不需要拓展公域的情况下，仅仅依靠私域好友和转介绍，就能每天付出几个小时的时间和努力，赚到年收入百万元。他们做的一个共同动作，就是不停地在私域经营自己的个人品牌。

一个人的叙事模型

我相信所有创业者都听过一个故事，就是网飞的创办故事。它源于创始人里德·哈斯廷斯（Wilmot Reed Hastings, Jr.）在百视达（Blockbuster）租用电影《阿波罗13号》的碟片，忘记归还后被索取40美元的滞纳金，从而萌生了创办网飞的想法。他当时想：要是没有"滞纳金"这种东西，会怎么样呢？于是，网飞就诞生了！

这听上去非常合理、非常动人，对吗？我们每个人都出于各种原因交过昂贵的滞纳金，这个故事完美抓住了我们的心理。但是，真相并非如此。

如果你读过《复盘网飞》这本书，就会发现真相完全不是这样的。真正的故事是，网飞真正的创始人是马克·伦道夫（Marc Randolph）。马克在创业初期为了控制风险，不投现金，只获得了30%的股权，里德·哈斯廷斯投入190万美元，获得近70%的股权。在网飞发展为40人的团队后，里德入驻网飞，接管公司。故事的真相一点都不美，甚至有些残酷。

但我们不能向普罗大众传递如此复杂的故事，也不能用这样复杂的故事去说服潜在的投资人。大众喜欢并且容易记住、热衷于传播的，是一个灵光乍现的创业故事。爱彼迎（Airbnb）的创始人创办公司的灵感，来自一次付不起房租的经历。他们提出：为什么不可以在家里摆一张充气床垫，租给房客来赚钱呢？

大部分时候，创业的真相比这些故事复杂得多。但是，这些复杂的来龙去脉都不利于传播，因为信息过度复杂，无法被压缩，就无法被"击鼓传花式"地传播。

我们喜欢听一个简单的、打动人心的故事，比如掉在牛顿头上的那个苹果，又如少年打败了恶龙。

"一个人的叙事模型"最后往往被简化为"一个激动人心的故事"，能够极大地挑动传播者的心理。

因为信息的获得、存储、处理和提取都是昂贵耗时的，把复杂的背景信息简化为一个故事，这个"故事"就可以让大脑迅速记忆和传播。

故事与故事成交法

我的朋友在推荐一个员工时只说了一个故事，我就雇用了这个员工。

他的原话是："小白很用心，她为了能够把短视频拍好，用自己的工资给上一任老板花1.98万元买课，让老板去学习。"

天知道这个1.98万元的故事对老板有多大的杀伤力，哪个老板不喜欢这样用心做事的员工？

如果我的朋友只是给我发来她的简历，我大概率会因为她的案例不够多、学历不够出彩而选择直接忽略。如果他要从这个人的教育背景、出身开始介绍，我大概率会因为太忙而没有时间听完所有内容。

这可是花得最值的1.98万元了，以后每次找工作，我建议只讲这一个故事，就足以俘获所有求贤若渴的老板。这就是讲好一个故事的重要性。

人类历史上那些喜闻乐见的故事，其实是有通用模型的，小人物打败大人物的故事，从低阶到高阶的成长故事，灵感来临的顿悟故事等。**故事具有绝佳的传播性，因为它触动了传播故事的人群的同理心，并且已经被简化到拥有了套路和公式。**所有好莱坞的超级英雄故事都是流水线的产物，但并不妨碍你每次都为它津津乐道。

千万别忘了，讲故事时一定要知道自己的对象是谁，在故事中植入成交的逻辑。

面向老板，你的故事就是一个花1.98万元为老板买课，迅速抓住老板希望员工为公司无私奉献的心理。但换成顾客，我们就应该找到一个改变我们人生的最难搞的顾客的故事。

> **故事成交法的核心在于：在故事中植入客户的抗拒点（客户顾虑的问题），讲一个自己发生改变的人生逆袭的故事，讲一个被你改变人生的客户（代理商、合作伙伴）的故事。**

成交点和故事糅合在一起，成为一个有故事的男人/女人。

没有人想听你说教，但是没有人会拒绝一个异彩纷呈的故事。故事能走得比语言更远。上到80岁的老太太，下到3岁的孩童，他们都能听懂故事，也都能理解故事，能和故事里的人物共情，这就是故事的魔力。

个人品牌之旅中，不能没有一个激动人心、人生逆袭的故事。

比如我经常讲的一个故事：

天崩开局，小镇做题家通过高考改变命运，从江西走到了北京，入读中国传媒大学。研究生保送清华法律系，以全系第一名毕业的成绩进入投资行业。（出身一般，努力改变命运）

在投资行业遭遇政策变化，导致满盘皆输。（遭遇打击）

再次鼓起勇气创业，影响很多人并获得数百万粉丝。（再度起航）

那么，你的个人品牌故事是什么？

立足能力圈，建立IP的框架性优势

个人品牌需要持续积累和系统打造，不能频繁改变定位和方向。大部分专业人士和有丰富人生经历的创始人，非常容易在这一点踩坑。

喜欢的不擅长，擅长的不喜欢。比如，我的大部分女性粉丝都喜欢做女性成长、认知觉醒类的内容，其实她们只是喜欢分享一些陈旧的过来人经验而已。

这里有个误区：很多人会把能力等同于行业。比如，一个人曾经在5个行业都做过销售，他用一套销售打法能够在5个行业都把东西卖出去，这套销售打法才是你的核心能力，不要被行业和赛道局限思维方式。

我总是不停地向所有客户、学员反复强调：**想象自己身无分文，来到一个没有任何朋友的小镇，能让你东山再起、逆风翻盘的能力，就是你的核心能力。**

> **不要把个人品牌圈定在能力圈范围外，因为业余和专业的差距是不可弥补的。**

看似只有5%的差距，但你要明白，2012年伦敦奥运会男子100米"飞人大赛"上男子短跑世界纪录创造者、田径运动员尤塞恩·博尔特的成绩和第二名也就相差0.12秒，大部分时候，**顶尖和平庸的差距就是5%**。

个人品牌如果建立在能力圈外的定位上，就像融化的冰山，随着时间推移会慢慢消亡。

瑕疵让你更有魅力

很多人认为，IP一定要有完美的形象，绝对不能犯错，绝对不可以说不正确的言论。

恰恰相反，IP需要刻意暴露缺点和瑕疵。

IP不能造神，因为乌合之众喜欢造神，也喜欢毁神。

想要变现好，商业好，甚至要刻意去塑造一个人身上的瑕疵。

某老板在短视频中总是用45度的鼻孔角度自拍，不修边幅，表达有点卡顿，让别人感觉千亿元市值的上市公司老板好像也是普通人。一个富二代最好是社恐的、神经大条的、"呆萌"的。如果你的人生已经很完美，那一定要给自己刻意塑造一点缺陷。

完美是不利于成交的，因为你成交的都是普通人。

一个IP，正是因为有了缺陷、有了弱点，才有更加鲜活的形象。让人感觉他是有血有肉的人，像是身边的朋友，而不是高高在上、难以接触的牛人。

不追求绝对的完美，不要求自己百分之百正确，这是对IP更高级的要求。

韩秀云老师说过，**"有瑕疵的光芒，好过刻板的完美"**。一个有血有肉有瑕疵的IP，是永远不会崩盘的个人IP。

IP都是自大狂

很多人总是希望自己的表达能全面且中立，这样不对。很多人之所以无法成为IP，就是因为他们太中立了。他们的表达没有立场，没有情绪，也没有价值观。

记住，所有的观点背后都有立场，立场背后都是利益。

没有观点，就没有立场；

没有立场，就没有利益；

没有利益，就没有朋友。

成为IP的第一课：请勇敢地表达自己的观点、立场、价值观。

你敢站队，你敢给立场，你敢给鲜明的态度，认可你价值观的人就会成为你的拥趸。

相信我，不认可你的人，不管你说什么都不会认可你。在个人IP打造中，中庸是一种罪。

一个经得起时间和市场考验的IP，一定是有人格魅力的IP，一定是最大化做自己的IP。

没有人能在"做自己"这件事情上打败你。

打造IP的核心就是敢于表达，把你的立场、你的观点表达出来，你要发现自己身上的价值，你要焕发你的人格魅力。

做自己也不像你想象的那么简单。因为无我无相，每个人眼中的自己都不一样，谁也无法看到自己的后脑勺。"做自己"这件事最难的点在于，很多人觉得在做自己，实际上根本不了解自己的全貌，也不能客观地看待自己。他们对自己身上到底哪些东西稀缺、值钱，哪些点能吸引别人，是不自知的。

你可能需要借助外力，需要向别人咨询。客观地看待自己，你才能发现自己身上的问题以及真正的价值，才能看到个人IP对自己的成长和跃迁会起到什么作用。

对IP来说，做到一定阶段时，很容易陷入一个常见且可怕的陷阱——不敢否定别人，也无法坚持自己。这样的话，你就会变得中庸。

要知道，既然你选择影响一部分人，那必然会得罪另一部分人。关键时刻，你能否继续走下去，就看你能不能坚持初心，能不能坚守自己的价值观，能不能持续、稳定地发出自己的声音。

IP的内心应该是极度自我的，就觉得自己是对的，自己是全世界最牛的。只要出发点是对的，勇敢做自己就够了！

价值观驱逐人群

一个IP会因为什么被人喜欢？

一个IP会因为什么被人相信？

一个IP会因为什么被人信仰？

我曾经以为是我的专业让人们喜欢我。积累了几百万粉丝之后，经常会有人在街上认出我，也会有很多学员粉丝给我发私信，他们的第一句话往往是："生死看淡，不服就干"，我太喜欢你这种谁都不服的"平头哥"（蜜獾）精神了，我非常认可你做事的风格。

在成年人的世界里，不是阶层筛选人群，而是价值观筛选人群。

价值观就是"什么是对的，什么是不对的""什么是能做的，什么是不能做的"。

敢于表达自己对于"对和错"的看法，你才能吸引同频的群体，才能自然排除不同频的群体，这就叫"价值观驱逐人群"。

认知、价值观决定了行为，行为导致结果，结果强化认知和价值观。

价值观就像基站，频道对了，才能接收到信号。

我问问你，你还记得对你影响最大的老师，他上课教了什么吗？你记不清了，但你永远记得，他曾经表扬过你、鼓励过你，他曾经拍着你的肩膀，温柔地对你说："你是一个非常聪明的孩子。"你因为这句话对自己有了信心，改变了你的行为，你的人生从此发生改变。

> 勇敢地表达自己的立场和价值观吧。不要想着去说教，不要告诉一个成年人他应该做什么，不应该做什么。

作为一个有影响力，或者想拥有影响力的人，我们想影响别人的行为，就应该花90%的时间去影响他人的价值观和认知。

"不要做"清单

价值观的形成往往是模糊不清的，直到你遇到了自己绝对不愿做的事情。

> 想了解自己的价值观，不要只问自己想做什么，更要问问自己绝对不想做什么，这就是"不要做"清单。

价值观不是口号，而是你愿意付出的代价。如果代价不够大，就难以让我们认清自己。

当我的直播间每天都有万人在线时，很多人找我做招商推广。他们说我只需要假装无意地和对方连麦，然后在直播间为他的创业项目和品牌做10分钟的曝光和引流，就可以获得几万块收入。如果我的粉丝加盟或代理了他的品牌，我还能额外获得收益分成。

这笔钱确实令我心动，因为来得太容易了。但经过长时间思考，我还是拒绝了。原因是很多粉丝缺乏判断能力，对项目没有筛选能力，如果他们因我的推荐去加盟这些品牌，最后亏损几十万元，我一定会良心不安。

曾经，我不懂得"割韭菜"，还被很多人嘲笑。他们说流量来了就该赶紧赚钱，这样才能实现利益最大化，因为流量不会永远眷顾你。

在这个过程中，我慢慢明白：当一件事让我感到不舒服，让我宁可不赚钱或损失很多钱也不想做时，我的价值观就变得清晰了。

当然，生活中很多事情并没有绝对的对错。法律有法律的边界，道德有道德的边界。但法律是底线，法律之上是道德，道德之上是价值观。当道德和法律都无法约束时，就是价值观发挥作用的时候。

企业文化和价值观这些看似虚无的东西，实际反映的是行为准则。这些准则规定了什么能做，什么不能做。很多人都在讨论这个问题：

"你要不要挖走你朋友或同行公司的骨干？如果他想跳槽，来你这里求职，你要不要？"

"挖人"这件事本身没有对错。但是，如果你表明"这样的骨干打死都不要挖！"这就体现了你的价值观。

或许有人会说："为什么不挖？说这话的人一看就没创过业，现在人才多稀缺啊！"这就体现了他的价值观。当这些没有绝对的对错的问题出现时，如何抉择，体现了不同的价值观。

你做还是不做，看似是个选择问题，实则是个价值观问题。大众的认同不在于你做得对不对，而在于你的价值观是否与他们相符。

总想表现得正确的人，是无法吸引"臭味相投"的人的。

补充一点，我的公司还活着，而且越来越好。走正路是对的，朋友们。

变现千万的IP指南

绝大部分赚到钱的人，都是在"航空母舰"里做俯卧撑的人。

很多人以为是自己努力做俯卧撑，才让"航空母舰"跑得那么快。但实际上，"航空母舰"本身就很快，并非俯卧撑带来的动力。

选择"航空母舰"的本质，就是选择不同的财富框架。选择决定命运，你选的是一艘破旧的"小木船"，还是一艘"航空母舰"？这本身就很重要。只有选对了财富框架，努力才有意义。

而很多人把无意义的受苦、忍耐等同于做正确的事，这是把因果关系搞错了。做正确的事情时路上一定有艰苦的环节，但并不是说吃苦就一定有收获。

能意识到财富框架存在的人，和意识不到的人，命运是截然不同的。

网红赚钱的财富框架

零边际成本才是造富机器

在过去的工业时代，任何产品都有成本。造一辆汽车有一辆汽车的成本，卖一份饭菜有一份饭菜的成本，为客户提供一次美容服务就有一次美容服务的成本。

而且，每生产一种新产品、提供一次新服务，都要付出相应的边际成本。

以螺蛳粉为例，每卖出一碗10元的螺蛳粉，背后都要支付食材、制作、场地和人工的成本。销量增加，这些成本也会相应增加。

又如开一家美容院。为顾客做一次脸，洗一次头，都要花时间提供服务，支付护肤护发产品的费用。

这意味着，想获得利润，就必须控制成本。因此，很多老牌富豪赚钱的方式，就是尽量降低成本。

> **新贵赚钱的秘密，往往伴随着互联网的发展，往往伴随着"零边际成本"的产品。**

零边际成本是指，你创建一种商业模式或产品后，每增加一份收入都不会产生任何额外成本，也就是说，你获得100%的毛利率。

零边际成本的杠杆是最有魅力的杠杆，也是绝大多数新贵挣到

钱的杠杆。

零边际成本意味着你必须拥有一样东西，让你不用付出任何额外代价就能挣钱。

如果你有一个短视频账号或公众号，这些产品本身没有边际成本，所有成本在产品做出来的那一刻就已全部发生。因为一条短视频可以给一个人看，也可以给100个人看，其间不会增加任何成本；一个课程可以卖给一个人，也可以卖给10万个人，产品本身不会增加任何成本。

有些产品不具有"零边际"属性，但它们有无限趋近于零边际的趋势。

如果你出版了一本书，就涉及了"低边际成本"，或者叫固定成本、阶梯式成本。因为书籍有印刷成本，只不过这种印刷成本与印刷数量相关，印量越大，单本书的印刷成本越低。

小程序的情况也类似。如果你开发了一个小程序，运行时会增加服务器成本，这也不能称为零边际成本，仍属于低边际成本。

低边际成本的产品和服务也能让你挣到钱。

想想看，如果你做的小程序能让人在上面下单，可以通过它增加客户，每增加一个客户不会增加任何成本，反而客户越多体验越好，甚至每增加一个客户，你的收益还在增加。这样的业务就是很多新贵赚钱的关键。

只有100%毛利率的生意才能让新贵追得上老牌富豪。如果没有零边际成本，没有触达100万人的机会，当网红就与摆摊卖煎饼馃子没有区别。

每一次造富运动，本质都是新的财富框架对传统财富框架的碾压，是在创造价值效率上的碾压。理解不了这点的传统创业者只能面临被淘汰，或者利润被慢慢挤压直至消失的境地。这与道德和能力无关，本质是框架的胜利。

1%的人赚走99%的钱

1%的人赚走99%的钱，往往是商业世界的日常规律，因为1%的人创造了99%的价值。

在过去，标品（标准产品）才有巨额利润。而今天，反而是非标品创造了巨额利润，其优势在于它具有定价权。

如果你是标品，理论上所有企业只要有资本就可以标准化地复制你；如果你是非标品，就意味着差异化、定价权和高毛利。

网红赛道就是一个非标赛道，网红具有颠覆式的影响力、话语权，且不可被复制。人们愿意购买你的产品，即使你卖的产品与他人相同。

有的网红博主，一个马克杯卖到249元，还有很多人愿意买。如果上面没有印他的标志，在网络平台上标价49元甚至19元，可能都卖不出去。

超级平台里有很多细分赛道，每个网红在各自细分赛道成为头部时，都能享受到平台算法带来的巨额红利。

一个网红的成功，一定是在细分赛道上投入了大量时间和精力，他们付出的比别人多，就该赚更多钱。他们赚到的是第一名的红利，拿走大部分的红利并不为过。

1%的客户创造99%的利润

所有千亿元级企业背后都是生产力演进带来的。当下的创业者必须学会以利润为先，而不是好高骛远。

> **我们的目标不是成为独角兽企业，而是赚钱，持续赚钱，持续10年赚钱。**

对于以利润为先的小而美企业，你不是到处蝇营狗苟，狼奔豕突，客户招之即来，挥之即去。**正因为规模小，我们更要有赚取高额利润的框架。与绝大多数人想的不同，并不是客户越多越好，而是1%的客户会为我们创造99%的利润。**

我们无法像大企业一样承载不同层次消费能力的客户，只能找到自己的1%客户。

这就是为什么大部分有流量的人还是赚不到钱，因为他们什么钱都想赚。

创业赚钱的规律是反人性、反常识的。

> **筛选客户，筛选客户，还是筛选客户。学不会筛选客户，你就等着累死吧。**

小而美一定伴随着高客单

有个人品牌的小而美企业，一定不能只销售低客单价产品，一定要为主动上门的高端客户提供差异化的定制服务，收取5~6位数的高额报酬。在某种程度上，你前面销售的低客单价产品更像是一种体验性产品，最终目的应该是为了筛选愿意为你支付高客单的客户。

这样做时，**一定要果断拒绝掉90%与你不匹配且总想占便宜的客户，把时间留给更值得的、更认可你的人。**只有这样做，才能获得充足的利润。

成为小池塘的地头蛇

我以前做投资人时认为，创业必须在标准化赛道里选择标准化产品，按照标准流程，找资本和大团队做大赛道。

自己开始创业后，我的想法改变了。我发现不应该选择太标准的赛道，因为非标准化行业的毛利更高。

在非标的情况下，没有人与你竞争，你就是行业的定价者。

这就像是选择进入大江、大河，甚至大海，或许有机会成长为鲟鱼、鲸鱼，但前提是你有那样的竞争力和厮杀的勇气。

选择进入小池塘意味着上限较低，最大只能长成一条大鲤鱼。有些行业，一年收益5000万元就是极限了。

所以，如果你不是一个很有野心、能力极强的人，建议选择一个"小池塘"。比如，餐饮行业、美容行业的细分赛道，以及知识付费行业里的高客单发售，都属于"小池塘"。在一个"小池塘"里，如果你的竞争对手普遍较弱，整体实力一般，你就容易做到行业头部。

年入千万的产品漏斗

高客单价用户在涉及高额消费决策时，并非如你想象的挥金如土，反而会更加谨慎。因此，一个科学合理的产品漏斗，可以帮助客户更快地做出决策。

引流产品

引流产品通常是一堂精心打造的公开课。我建议所有想建立长期个人品牌的人，都要投入大量时间和精力来打磨自己的公开课，展示自己的绝招和杀招，分享自己的价值观和人生经历，让志同道合的客户充分了解我们的实力和价值观。

许多企业浪费很多时间去说服客户他们与竞品的区别。而当引流产品打磨好后，客户是被吸引来的，就不会问"你和竞品有什么区别"这样的问题了。

比如，我的定位课程在行业内广受好评，我将它作为引流产品，所有学员都可以学习。客单价不需要太高，控制在1～99元，一定不要超过99元。别忘了，我们的目的是让更多人学习，让更多人能够自主选择。

提价产品

在引流产品之后，你可以设置一个提价产品，通常定价在千元左右。这个产品的目的是进一步筛选客户。

这个提价产品应该是一个能加强彼此信任度的产品，比如一个长期训练营或线下学习会。

通过提价产品，可以建立用户黏度和信任度，让客户在体验中判断高客单是否值得。

利润产品

利润型产品的设计，顾名思义是为了获取超高利润。

这类产品通常采用一对多的交付模型，客单价在万元左右，标准化的交付模式使其能够获取高额利润。

利润型产品既不容易找到，也不容易交付，可以说是产品漏斗的核心关键。

我们的利润型产品是一个万元客单价的研习社，我们投入了大量时间做教研和标准作业程序，同时在线上线下的客户服务上也下足了功夫。

记住，它必须是一对多的模式，定制化环节越少越好，个性化部分和个人咨询的比重也要尽量降低。

标杆产品

个人品牌的小而美公司，需要有一个6到7位数的标杆产品。

标杆产品的意义在于打造超级案例，是一个企业能够立足的关键。

比如，做薪酬绩效的企业，100万元的企业定制化薪酬绩效全案就是其标杆产品。这个标杆产品不仅仅用于宣传，更重要的是为利润产品和提价产品积累更多一线、头部的实战经验。

"特种兵"的队伍建设

小而美的企业要么走向兄弟姐妹或爱人的家族生意，要么选择另一条路径——打造一个规模极小但战斗力极强的"特种部队"。

前者的优势在于无须解决信任问题，天然具有长期主义特征。

后者则非常适合专业能力、业务能力超强的个人IP，在灵魂人物的带领下，建立起一支能"打仗"的队伍。

在这样的队伍中，用高昂的报酬和专业的成长来带动团队发展，我们选择的就是这条路径。

赚取现金之后，是赚取时间

打造个人品牌，建立一个小而美的高客单生意后，你就能够摆脱工资的支配。

你的生意不必局限于某个城市或某个工位，理论上可以实现全球办公。我非常建议你在一个喜欢的城市生活和工作。

在北京赚钱，在老家花销，打造一个小而美的生意，服务一线城市的客户，同时可以在全世界范围内办公。

还记得前面说的吗？财富自由不是金钱自由，而是时间自由。

> 赚钱的目的不是为了被拴在某个磨盘旁边成为那头很有钱的驴，而是为了拥有不做不喜欢的事情的自由。

你已经知道如何赚取现金了，接下来，就要学会赚取时间和自由。

5

关系、圈子与
能量管理

社交的本质是强强联合，价值交换，先走钱，再走心关系的维护并不是一分耕耘一分收获，而是1%的社会关系贡献99%的价值。我们要学会在任何场合中排除99%不值得交往的人，寻找那1%值得交往并持续长期投入的人。

环境是一个人的操作系统

> 一个人和另一个人的交往，本质上是两套操作系统的碰撞。

张小龙说，人是环境的反应器，我们只是很多"输入"的"输出"而已。

试图扭转一个人的观点和决策往往是徒劳的，**改变一个人的观点远不如改变他的环境有效**。他之所以会有这样的观点和决策，在很大程度上是由接触的信息质量、身边的10个核心好友、过去建立的思维模型以及行动后的反馈模型决定的。

这就决定了，在社交时，先筛选，再投入是更加高效的方式。

差序格局与社交涟漪

费孝通先生在《乡土中国》中提到，中国的社会格局是一种差序格局，就像把一块石头丢在水面上产生的一圈圈波纹。每个人都是他社会影响所推出去的圈子的中心，只与被圈子波纹所及的人发生联系。

波纹最中心的自己就是那块石头。由血缘和婚姻联系起来的是亲属关系，在亲属关系外围的是朋友关系、同学关系，一圈一圈地往外荡开，如图5-1。

图5-1　社交波纹效应图

而这个涟漪的范围，是由石头本身的重量决定的。

石头的重量又是由你的血缘、地缘、经济水平、政治地位、文化水平决定的，这就是古人说的"贫居闹市无人问，富在深山有远亲"。因为你的势能不足，所以关系网络就非常小。

很多人在社交时很痛苦，就是因为没有搞清楚不同的关系应该用不同的方式来经营。

半熟人是最容易赚钱的

为什么我们很难从身边人那里赚到钱？因为大家成长的环境、背景太相似，互补性和匹配度太低。反而，越往外圈的人群，越有

178

可能成为我们的合作伙伴和目标客户。

介于熟人与陌生人之间，是成交最好的关系状态。

"转介绍"在中国是一种很重要的销售方式，通过熟人推荐能解决信任问题。越是高客单价、重决策的产品，越要好好研究这种关系和成交方式。

越是高客单价、重决策的产品，你越要扩大自己的影响力，证明自己的价值，让自己对外连接的界面更加友好，让更多人为你转介绍。

没有东西卖的时候，先卖自己。

把自己当作最好的商品推销出去，扩大影响力，广泛连接更多外圈的弱关系，激发出更多的交易可能性。

成为一个超级连接者

　　一个人的智慧，本质上是其背后信息环境长期浸润后形成的思维框架。想高效连接更多同频思维框架的人，首先要把自己的思维框架开源，成为一个超级连接者。

谢绝一对一的社交场景

　　有想法、有抱负的年轻人一定要意识到，一对一的社交场景效率极低。在社交场合里，为了获取可能的合作、订单而进行无意义的磋商和社交，大部分时候都是在浪费时间。

　　就算偶尔能获取到一些可能的合作订单，这种效率仍然很低。当然，我们不否认，与一些极度优质的人脉进行一对一沟通，是一种对灵魂的滋养和能量的补充。

　　但我们一定要谨慎运用一对一社交手段，尽量把它作为查漏补缺的手段，而不是主流的社交手段。我们至少应该在一对一之前进行严格的筛选。

> 很多不经世事的年轻人会把大量时间浪费在无意义的人身上和无意义的社交上。殊不知，时间才是最宝贵的财富，胜过一切金钱。

也有很多人不理解，成为一个超级连接者并不需要你像个社交花蝴蝶一样打扮华丽、谈笑风生。你真正需要的是把你的"对外接口"充分开放。

高效率的一对多社交，是通过展示自己的文字、思考的内容，来反向筛选价值观一致、思维框架一致的人。

在社交场景中，最理想的情况是把自己变成一个"脑机接口"，我们不应该对外展示自己的颜值和外貌，而应该展示自己的思维框架。在正式坐下来一对一之前，我们应该先把彼此的思维框架对齐。

在《贝佐斯如何开会》这本书里，作者详细说明了亚马逊的开会方式。亚马逊严禁会议使用PPT，所有会议都要用文字来传达信息，因为文字的简洁程度远比图画要高。

所有会议都会预留15分钟沉默时间，会议一开始，大家各自低头默读手边的会议资料。就算事先已经通过电邮将资料发送给与会者，会上也会留出一定的阅读时间。"1页纸"的阅读时限是5分钟，"6页纸"是15分钟。浏览资料期间一定要保持会场安静，不接受任何提问。

这其实是一种一对多的信息同步方式，远比一对一的方式更加高效。

我们能有哪些一对多的社交场景呢？

第一，在朋友圈长期进行碎片化、高质量的写作，并公开自己的朋友圈；

第二，在微信读书长期筛选优质图书，建立阅读计划并公开自己的阅读书单；

第三，除了文字以外，非常建议你把自己的人生故事做成视频并对外展示，与那些能看完并与你产生共鸣的人再聊后面的事情；

第四，你需要有一个关于自己的"产品说明书"，告诉别人应该如何与你相处，你对别人有哪些用处，哪些是收费的。

把自己的对外接口变得自动化、扩展化，才是成为超级连接者的核心要素。这远比提升情商和社交能力更重要。当然，理解这件事的价值，本身就有很高的门槛。

一个人的智慧是信息质量的总和

在我和人打交道的过程中，我意识到，智慧并不取决于一个人受教育的程度，而是长期接受信息环境的结果。

一个人的智慧，主要取决于获取信息的质量。

所以，每个人都有责任和义务，为了提高自己的智慧，像挑选食

物一样严格筛选获取信息的质量。选择优质的社会关系，也是同理。

但是大多数人并没有这个意识。

至于信息质量如何判断，时间是最好的试金石，要用10年的标准来审视自己的信息源。

比如，在行业内存在10年以上的专业人士。在某种程度上，不用心的、人品不佳的、不够专业的，都已经在岁月中被淘汰了。

又如，畅销10年以上的出版物，已经筛除了很多"快餐类图书"，包括那些为了满足粉丝需求的网红读物。

要对低质量的信息源保持警惕，不要让它们入侵你的大脑，否则你会被长期腐蚀，并且认为这是正常的。因为你的智慧，其实是获取信息环境的产物。

如果你想变得更有智慧，除了注意质量以外，你还需要多学科交叉的信息源，因为单一的信息源会让大脑陷入思维僵化，至少会变得过分专业化。这一点对于搞学术研究的人也同样适用，因为人类历史上很多重要的发明和发现，都是在跨学科的场景下产生的。

放下助人情结，成就他人命运

在服务上万名知识付费学员的生涯中，我经常陷入莫名其妙的自责感，常常因为帮助不了别人而感觉把他们的人生背负在自己身上。

但是在无数次地与人打交道以后，我终于发现，一个成年人的认知和智慧，是由他获取的信息质量、周围核心人群的影响，以及一些错误的反馈机制长期形成的。如果一次的错误还可以理解，长期地重复踩坑，就一定是认知缺失和智慧缺失。

> **成年人只能被筛选，不能被改变。**

大部分人在40岁左右都会达到成熟的高峰，如果40岁前后没有成熟和成就，那大概率之后也不会有（当然，除非你从事的是艺术创作类的行业）。

我在不成熟的时候，总是异想天开，想影响和改变别人的人生。我现在依然愿意分享观点去影响他人，但不再执着于改变别人。因为我明白，每个人都有自己的成长节奏，我们眼中的"不够好"，可能正是他人必经的人生阶段。每个人都有选择自己生活方式的权利，只要他觉得快乐，我们就应该给予理解和尊重。

> **不要打扰别人的人生体验，是一个成年人非常好的教养和自律。**

线下社交和赌博没有区别

> **线下的商务活动，往往是一群"投机主义者"互相寻找收割的机会，你以为你是镰刀，结果来的全是镰刀。**

这和参加赌博的人是一样的，每个人都以为自己是例外的、特殊的，没有人觉得自己会是那赔钱的5%。

在没有挑选好社交对象的情况下，浪费大量无意义的时间，去碰撞遇到"贵人"的概率，在明知确定性极低的社交场景下博一个生意机会，这和赌博没有区别，这种人大概率就是"社交赌徒"。

你要知道，优秀的生意对象，不太可能出现在这种场合里。

拒绝99%的喝咖啡邀约

在投资行业做投资人的时候，我经常混迹于各大咖啡厅，对北京中关村附近的咖啡厅如数家珍。坐在办公室老老实实工作的时间反而更少，大部分时候，我都在从一个咖啡厅到另一个咖啡厅的路上。

我现在甚至熟悉很多咖啡厅的隐秘角落，比如某个五道口咖啡厅有个很漂亮的露台。这个并没有什么值得炫耀的。相反，如果你现在问我在哪个咖啡厅聊到了下一个"独角兽企业"，我可以告诉你，并没有。

我曾经浪费了大量时间，穿梭在咖啡厅的无效社交中，因为那时的我还不明白，这样的社交几乎没有意义。之所以这么说，是因为：

第一，地位不对等。我约见一个年利润超过5000万元的创业者，他并不会把核心创业者人脉开放给我这个小投资经理。

第二，大部分到咖啡厅喝来喝去的，也是社交关系里的机会主义者。你寄希望于他，其实他也寄希望于你，就像一个渣男遇到了另一个渣女，两个人棋逢对手。

我的手机里曾经加了1000多个行业内知名投资人，3000多个知名企业家的微信。但如果你让我说出哪些投资人和创业者是我能马上寻求帮助的，我脑子里一个名字都没有。

当我的公司遇到经营困难后，我打开微信，想寻求一些创业和求职上的建议和帮助。然而，没人理我，我在别人眼里无足轻重。他们没有删除我，主要是因为已经把我忘了。

从那之后，我就认清了社交的本质，社交的本质是强强联合，价值交换。

先走钱，再走心。

在我从事个人IP之后，我拥有了百万粉丝，有无数的粉丝、同行、网红，还有一些创业者，每天给我发微信，想和我聊一聊，喝喝咖啡，"请教一下"。

天知道，我最怕的就是喝喝咖啡，"请教一下"。

要知道，绝大部分人真的没有任何做IP的决心和动力。和你喝咖啡，除了拍张照发朋友圈炫耀一下今天和百万粉丝的网红见面了以外，真的没有任何帮助。

更何况，线下巨大的交通成本和时间成本，一个小时的见面，往往意味着两个小时的交通，半天的时间付出，只能和一个莫名其妙的人聊一个小时没有目标的话，再没有比这个更难受的事情了。

我情愿一个人发呆。

当我提出按照咨询标准来收费的时候，往往被冠以"小人得志""泥腿子上台"的评价。因为在对方眼里，我并不值钱。他要咨询的问题，其实也是无关痛痒的。

你不会找一个医生免费给你看病，他如果不收钱，你反而害怕。那为什么你会想和我喝一顿没有意义的咖啡呢？只有一个答案，那就是你的问题不够严重。

> **所以，我拒绝一切不付费5位数的咖啡。**

巴菲特有一句话："成功的人和非常成功的人的区别是，非常成功的人几乎对所有的事情都说'不'。"

坚定地和伤害你核心利益的人说"滚"

有些人有多么克制、多么隐忍呢？隐忍到别人伤害你的核心利益的时候，你还在为他找借口原谅他，为他开脱。要知道，伤害你的核心利益，就等同于抢钱偷钱。对于这样的"豺狼虎豹"，我们就该给他点颜色看看。

我有一个朋友，是没有原则的讨好型人格，在10年之前，借款80万元给了身边的同事，不久后这个同事就离职了。这个同事在借钱后的10年期间，既没有明确拒绝偿还，也没有进行正常还款，只是在春节、中秋节等节日，在我朋友催促下才还款3000、

5000或1万元。前几年，我这位朋友的经济很拮据，因为疫情失业，房子也严重贬值，她一直很痛苦，不知道如何催促对方还钱。

我感到十分震惊，对于伤害你核心利益的人，你对他的宽容就是自我伤害。当他决定不还你钱的时候，就已经说明他根本不在意你的自尊，根本不重视你的生活质量。这样的人的脸面，是没有必要维护的，你应该直接起诉他，在起诉之前，你应该通过朋友圈了解他的财务状况，然后咨询律师，提交证据，越快起诉越好。

前段时间她到我家吃饭，我发现她状态很好。她告诉我自己去起诉了，法院传票一到，对方当天就把钱还清了，这说明对方还是要脸面的，否则这80万元很有可能就打了水漂。

要建立边界感，"敢于拒绝"非常重要。我见过太多喜欢讨好别人的人，他们总是为了"顾全大局"而牺牲自己的核心利益。其实，在一段良好的关系中，一定是先照顾好自己，再照顾他人。

真正的经营关系，不是经营人际，提高情商，而是提升自己的实力，输出价值观，扩大影响力。

这也解释了为什么那些收入高的人，并不像大家想象的那样高朋满座，而是数十年如一日，身边只有三五好友。

因为他们懂得，关系的本质，就是互相吸引和筛选，而不是广撒网，毫无目的地去经营。

人人都需要的专家库

因为人的时间是有限的，而现实创业中我们要面临的全新挑战太多，所以我们要学会找到身边的优质思维框架，并且把它们接入自己的API（应用程序编程接口）。

这个世界，能掌握本质的人是少数。信息中99%都是噪声，是无意义的，甚至是有害的。

只有1%深层的，不在市场流通的信息，对于解决我们的难题才是真正有用的。

构建专家库，就是要知道，这1%在谁手里，在你遇到无法跨越的难题的时候，你知道你的第一个电话应该打给谁。

启发我构建自己的专家库的，是一家年营收上亿元的职业教育公司"一起考教师"的CEO蔡金龙。有一次，我去他的公司，他提到最近在思考战略方向的问题。

他告诉我，做重大决策时，会打电话给他身边几个战略能力很强的朋友。他还说："每个人都有特长，在战略层面上我会听他的，但是在产品层面上我可能就不听他的。"听到他的这个观点，我感觉耳目一新。

我接着问他，如果要咨询其他问题，还有其他的专家可选吗？他说他的脑子里有一个专家库，每个标签里包含两三个人。想不明白战略问题时，他就给战略能力极强的人打电话，比如上市公司的高管；思考产品问题的时候，他会专门去找产品做得非常好的朋友咨询。

我被这个理念震惊到了，因为我并没有注重在专业度上积累人脉。

> 大部分时候我们只会把人分成厉害不厉害、有钱没钱，并没有用专家库的角度去思考每个人的特长。

就像查理·芒格所说的"能力圈"，每个人都只有一个很有限的能力圈，不太可能是通才、全才。不管是一个市场能力强的人，还是一个品牌能力强的人，或者是一个公关能力强的人，穿透一个人的履历，大概率一个人都只有一个能力模型。从那时候开始，我开始留心身边的人，留意他们的核心能力。这样当我需要教授、学者、财务专业人士等相关领域的专家帮忙时，就能很快找到。

在一次遭遇同行恶意狙击的时候，我就用专家库很好地解决了这个问题。一开始时，我非常愤怒，那个时候涌现在我脑子里的都是不理智的想法。在冷静下来后，我在思考，如果我不擅长解决这个问题，那么谁是我专家库里最擅长解决公关问题的人？我脑子里立刻出现了几个人选。

我打了一个电话给一个上市公司的品牌和公关负责人，在制定好公关策略后，发了一条视频予以回应。回应的视频很快就达到百万播放量，没过多久，对方主动把视频删除了。

我既没有向对方服软，也没有和他"对喷"，只用了一个策略，这件事就得到了圆满的解决。

举这个例子，是想告诉大家建立专家库真的非常重要。不要觉得有钱人就没有求人的时候，有钱人也会有用钱解决不了的问题，比如孩子要上学、老人要住院、找个靠谱的月嫂阿姨、与不熟悉的政府部门打交道等。遇到问题的时候，你要知道你的朋友里面谁是真正能够帮助你的。

建立专家库并非一日之功，你需要长期观察身边优秀人才的能力模型、人品、处理问题的智慧和性格，慢慢积累一个名单。

做别人专家库里的专家

在你拿起手机打电话给任何一个你认为很重要的专家的时候，你要先思考：如果你对别人没有价值，别人为什么要帮你？找专家库有一个隐含的条件，那就是**你是有价值的人，是有影响力的人**。

别人帮你，付出了时间和精力，贡献了他们的专业能力，他们当然希望在未来某一天当他们需要帮助的时候，你也能提供同样的价值。

贵人帮你是因为你身上有"贵气"

一说到"贵"，很多人首先想到的是"财富"。并非如此，这样理解就太狭隘了。

身上有"贵气"，意思是你代表新贵，代表一个新兴的赛道，代表一个新兴的红利，代表一个新兴的品类，甚至是代表新兴的人群。

为什么一些年轻人总能连接上很多大佬？就是因为他们代表了新兴的一种"贵"，代表了一种未知和"未来"。

> 想让专家主动与你连接，你就要代表某个品类，代表某种趋势，代表某个未来。当你能代表某个未来的时候，没有人敢看不起你。

比如马斯克，他凭什么能在10年前就跟那些做油车的老板坐在一张牌桌上？如果只是从市值、营收上看，这根本是不匹配的，但别忘了，电动车代表着未来。

每个人身上都有很多特质和成长点。想跟专家连接，我们需要在某个点上能够跟他们站到一起。比如说，我的收入没有他高，但我的影响力不弱于他。这就是要有比较优势，要有相对价值。

什么叫"相对价值"？就是对彼此的有用性。假如你在出版行业是一个专家，也许你的收入和地位都不高，但是你比那些身家上亿的老板更懂得如何做出畅销书，你能为他们出书提供价值，就有可能和他们产生连接，这就是你的相对价值。

时间有价，有能力付费就付费

专家和大佬的时间很宝贵，该花钱就要花钱，钱其实是你付出的最经济的一种资源。

> 总想占便宜是一种病，而且病得不轻，年轻时就染上，基本就很难改掉。真正有价值的东西，如果让你免费获得，反而是对你的不负责任。因为，免费的东西，往往没人会珍惜。

付费是一种爱，不付费意味着不重视，也意味着永远不会落地，永远不会付诸行动。不会有人随便就答应街上陌生人的要求。只有当你花了5万块钱、10万块钱，觉得这件事有价值，才会真心去做。

尊重一个人最好的方式，就是愿意给他付费，你先尊重他，他自然会尊重你。

关于建立专家库，我要送给大家几句话：

这个世界上，并不存在真正的向上社交。所谓"向上社交"，都是平等社交。

只是你的维度太单一了，才没意识到这一点。你需要在某个专业领域，与他人达到同一高度。你得有一技之长，在你所在的领域成为专家。即便你现在还没有影响力，但只要你足够专业，心态足够开放，就能成为专家，也能找到自己的专家，建立属于自己的专家库。

现在不妨想一想：你是谁的专家？谁又是你的专家？你觉得你身上值得专家连接的特质是什么？

远离有毒的"垃圾人"

30岁之前和谁相处，往往不是我们能掌控的，但30岁之后和谁相处，却决定了我们的人生质量。

在想明白自己应该和谁相处之前，我们更容易想明白的是，不和谁相处。

那就是，不和"有毒的人"相处。

有一类人，在情绪上不能提供心理能量，却总是心安理得地把你当作垃圾桶，毫无负担地向你倾泻各种心理垃圾。他们会吸干你的心理能量，并把你拖进他们的世界，踩着你往上爬。

而我们往往为了显得合群或者抵抗孤独感，选择容忍这些有毒的人侵犯我们的生活。从他们身上我们得不到任何好处，只能得到一个"老好人"的评价，而这个评价对我们的人生毫无益处。

亲密关系，让我们更加富有

　　人生的成功和幸福，需要高质量的亲密关系，因为幸福才是人生的终极目标，而不是财富和金钱。

能量管理，是亲密关系的核心

　　高能力却低能量的人，会从根本上摧毁身边脆弱者的意志。高能力且高能量的人，是身边人的福报。

　　高能量能吸引金钱，这是真的。一个人能量场特别低的时候，做什么都没动力，不可能挣到很多钱。反之，一个人每天都精神饱满，容光焕发，动力十足，就更容易吸引到金钱。

　　好的亲密关系，是能量的重要来源。

　　一个人最重要的亲密关系，首先是要学会和自己独处，其次是和另一半的关系。

朋友之间相处，同样也是能量管理。当你向朋友吐槽、倾诉时，其实是把朋友当成了"情绪垃圾桶"。你希望他给你正能量，帮你接收负面情绪。这个世界是公平的，当你得到正向能量时，也要学会成为他人的能量补给站。

亲密关系需要分清主次

我们很多时候，往往把负面情绪发泄给了关系最亲近的人，如父母、爱人，却把最好的脾气和耐心留给了陌生人、合作伙伴、客户、普通朋友。

这是因为我们没有按照关系的主次和重要性来分配耐心。

> 任何关系都需要经营，而把更多心思用在亲密关系上，会产生指数效应，虽然短期看不到收益，但从长期来看，会给我们的人生带来惊人的回报。

小家庭的关系、大家庭的关系、朋友关系、与陌生人的关系，都要分清层次。小家庭要优于大家庭，大家庭要优于朋友。亲密关系的经营，就是要将这些关系理顺，分清主次，再依次分配我们的情绪、能量和耐心。

亲密关系的能量来自奉献

你还记得成年后挣的第一笔收入吗？虽然数额很少，但它给你创造了最大的快乐。还记得你给妈妈买了一对金耳环，妈妈嘴上说着不要，却还是戴着它得意扬扬地到处炫耀。这个场景，足够让我们在之后的人生中反复回味。每次回味，我们内心都会产生一种富足、坚定、安全的感觉。

朋友之间的关系也是如此。与朋友交往，最大的快乐来自付出和奉献。因为在奉献时，你在给对方充能，也会获得对方的能量回报。

因此，亲密关系不是要你向他们索取什么，而是当你在奉献时，你本身就能感受到快乐。

人一定要有亲密关系，要有一些让你看着就感到快乐的人。

有些人是"掠夺型"的，会吸取你的能量，与他们相处越久你就会越累。你单方面地付出，却得不到任何回报。长此以往，你会被消耗得越来越严重，整个人都会萎靡不振。这不是好的关系，即便这个人再优秀，是上市公司的CEO，也不适合与之相处。

有人可能认为，与人相处最实在的是得到多少钱。但我想告诉你，如果你找到了优质的伴侣，你们的能量会很充足，会不断向外释放。拥有这种能量，你们的财富自然会增加。

请记住，不要只着眼于当下。

信息、阅读
与智慧

一次成功可能是偶然，每次都能成功，他一定有一套成功的策略信息流动和传播的速度，已经大大超越了人类能吸收和接收的速度。

由于人工智能和超级平台的存在，人们被困在自己的信息茧房中，一部分人甚至变得越来越偏执、越来越愚昧。这是因为人们只接收自己想要接收的信息，而兴趣电商平台也在迎合每个人的信息倾向。

信息的背后，是立场和利益

我们从海量的信息中，筛选出我们想要的观点和认同的立场，平台则给我们推送更多能取悦我们大脑的观点和信息，同时屏蔽那些我们并不认可的信息，因为信息创作者背后都预设了立场和利益。

在这样的信息环境中，我们在进行自我洗脑。

狭隘的信息环境滋养出更多持狭隘观点的成年人，大部分时候，社交只不过是一群持偏见者的相互呼应。

这样的环境就是"信息鸦片"，让我们很难从庞大的信息量中分辨出哪些是噪声，哪些是信号。

信号与噪声

> **信号是相同，噪声是不同。**

在繁杂的信息中，当你感觉越来越疲惫，要学习的东西越来越多时，可能已经误入歧途，因为信号是有相似性的，是能抽离出规律、找出共同点的。

香港的投资客来到深圳、上海，看到的是同一个世界，发展的规律是类似的，赚钱的逻辑也是类似的。

当你发现自己陷入纷繁复杂的信息中时，大概率面对的是噪声。真正的信号尚未到来，行动还不是时候，耐心等待下一个信号出现才是明智之举。

2022年，我决心投入短视频领域，研究了公众号崛起的过程、淘宝电商发展的规律，以及随着公众号发展而涌现的头部企业，发现它们背后的相似程度令人咋舌。

> **创业失败的大部分人，几乎都是不研究前人创业失败历史的人。**

任何一个看似大胆的创业行为背后，都是看懂信号的人在捕捉机会，并迎风而起寻找新的红利和机遇。

看不懂信号、找不到规律的人，会在不同的"风口"（实则是泡沫）中蹉跎一生，浪费大量时间和机会。他们往往浅尝辄止，因为缺乏对规律的研究和对信号的信仰，所以在创业中摇摆不定。即使遇到正确的赛道，他们也会因认知不够深刻而放弃，无法坚持到最后实现真正的阶层跨越，这样的人可怜但不值得同情。

策略与结果分离是聪明人的独特能力

策略与结果分离的思维框架，99%的人不具备，所以颠三倒四、混淆因果的大有人在。

> **一次赢是结果，次次赢就是策略。**

比如，我们不能把过马路时闯红灯侥幸平安等同于安全，否则早晚会因为没有建立起过马路的安全策略而身陷险境。一次过马路的安全只是结果，但并不是成功的策略，想长期取胜，必须建立稳健的策略。

投资时，如果只盯着某个成功或失败的案例，没有建立系统的投资策略，那么投资就会变成撞大运，就像芒格说的，胜率并不比大猩猩扔飞镖高。

一个人第一次做成一件事可能是偶然，如果此后每次都能成功，那就说明他一定有一套成功的策略。

反之，如果一个人凭借运气用错误的策略获得了巨大成功，那反而是人生的巨大不幸。从结果上看，没有任何赢到钱的赌徒能把钱从牌桌上带走。

成为策略的信徒，而不是大结果的"韭菜"

在互联网上，每个人出道时都宣称有一个大结果。我有大结果就等于我要"收割"你，并且你不许反抗，反抗就是觉悟不够。

开着劳斯莱斯，哪怕是租来的，人们就会信服你说的所有话，因为普通人不具备把结果和策略分离的思维框架。

电影《教父》的主角维托·柯里昂说过：花半秒钟就看透事物本质的人，和花一辈子都看不清事物本质的人，注定是截然不同的命运。

我们真正要向他人学习的，不是"你怎么挣到1000万元的？""你是怎么做到50万粉丝的？"，而是要学习他们的行事策略，学习他们"每次都能抓住机会"的方法。

反馈，反馈，还是反馈

修正策略的关键在于反馈，在于有效复盘。我们复盘的是策略，而不是结果。

一个结果，只是对策略的一次反馈。

如果你复盘结果，得到的永远是更加失败的结果；如果你复盘策略，就可以不断修正，让策略变得更好。

我们要尽可能缩短反馈周期，让它越来越短，甚至做到边发生边反馈，边反馈边迭代，边迭代边形成策略。

直播行业中，大多数主播会通过事后录屏来复盘直播，但我们选择实时复盘，每5分钟查看一次数据。团队中有专人负责数据监控，不断告诉我最关注的3~5个指标数据，通过数据评估近5分钟的表现。

直播时看数据，我会记住连麦互动中哪些话是对的，哪些是错的，能及时给出反馈。如果等到事后复盘，与用户连麦的感受已经消失，很难给出有效的反馈。这就是反馈速度的重要性。

反馈在互联网行业是极其重要的指标。如果还没有得到相应的反馈，要么说明整体方向有问题，要么说明错得还不够多。

犯错没关系，坚持持续反馈，持续复盘，你就会离目标越来越近，越来越像一个善于实现目标的人。

智慧知识库

智慧是经过有效整合的知识，知识是经过有效整合的信息。

获取智慧，就是要有逻辑地进行信息整合（如图6-1）。

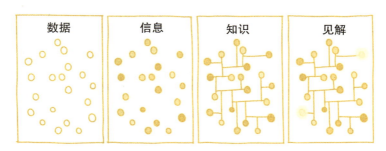

图6-1　认知地图构建进阶模型图

在投资时，我们有一套认知管理和跨赛道知识协作的方式。每个投资经理在调研某家公司时，都会形成一份文档。这份文档必须翔实记录关于该公司的第一手信息。这一层我们称为Data 0或原始数据，它不能掺杂投资经理的主观判断。

在Data 0的基础上，投资经理需要形成一个针对该公司的分析型文档，我们称为Data 1。假设同一个赛道有十家头部企业的分析，我们会得到十个Data 1文档。

将这十个Data 1文档进行系统整理和归纳，形成一份完整的赛道分析报告，我们称为Data 2。

对Data 1进行整合后，我们会形成该赛道的认知型文档，称为Data 3。

在对不同赛道的Data 3进行整合，深度提炼共性后，我们会形成一套企业投资策略，这是投资公司的核心策略，也是赚钱的秘诀。

智慧知识库就是说，一个知识型公司最重要的是有效管理公司内部的信息→认知→策略转化过程。如果没有这个策略，就会产生大量重复性工作，一个关键岗位的人离职后，接替者只能再花5年时间重复前任走过的路，这样的公司注定没有前途。

不学习的人，长期来看一定会踩"大坑"

学习的作用，就在于帮助一个成年人建立框架。

它的重要性体现在帮助我们提前认识规律，预判事物发展的过程。

我们必须通过读书，建立这样的思维方式：**摸索认知背后的认知，掌握能力背后的能力，看到思考背后的思考**。简而言之，就是不断挖掘更加底层的框架。

学习不是目的，而是思考世界的一种方式。通过学习，我们可以借鉴他人的成功经验，最终获得良好的结果。

如果不学习，所有感悟都靠自己提炼，所有规律都靠自己演绎，所有行动都靠自己摸索，那这辈子需要经历的事、接触的人就太多了。这世上没有谁能不学习就把事情做好。

如果你愿意学习，就能在未经历之前做出大致判断，降低试错成本。

一个人的学习能力与学历没有直接关系，与家境更无直接关联。不管是生在农村还是城市，都可能接受良好的教育。尤其是家庭教育，更是没有城乡之别。

不过，对于家境不好的人来说，学习能力在一定程度上会影响他乃至整个家族的命运。我很早就意识到，对寒门学子而言，最有效、最大的杠杆就是读书和学习。

建立学习的框架，让知识为我所用，这是人生跃迁的底层逻辑。

我身边每一个成功的人都在持续学习。无论是买课还是读书，都是在学习。

如果你想赚到钱，想让生活更加丰富，就不能"闭关锁国"，封闭自己。保持良好的学习习惯，会让你的人生更幸福。

为了赚钱，拼命学习吧

如果我告诉你学习可以赚到100万元，你会不会废寝忘食地学？我相信你一定会回答"会"。那为什么很多人没有通过学习赚到这个钱？因为你不承认自己想通过学习赚到100万元。

我这辈子赚到的钱，都来自学习。

在学习这条道路上，最大的阻力除了自己，还有身边那个用传统落后方法论的社交网络。

生活中，绝大多数人都不能为你提供真正有效的认知。你的父母、老师、朋友，都在用一套已经落后的经验和"刻舟求剑"式的认知来教育你。

想跳脱出这个怪圈，必须博览群书，向世界上最优秀的一群人汲取跨越周期、跨越国界的认知。

100本书，让你一秒击穿本质

读书时，读第一本和第一百本的感受截然不同。读了一百本后再回头看第一本，会产生百转千回的感觉。

所有的读书，都是在已知知识结构上痛苦拓展的过程。而学习最好的方式，就是沿着原有的知识圈，拓展5%的新知识结构。

随着知识结构面积越来越大，即使是重读曾经读过的书，也会产生截然不同的体验。

读一本书和读一百本书是不一样的。在一个领域读一本书，与持续读五本书也是不同的。读书就像打高尔夫球，当你挥了一万杆，产生了"一万杆效应"，你就能触类旁通。

正如前面所说，信号是找相同，噪声是找不同。读一百本书之后，人生处处都是相同，似乎所有发生的事情都在书本中预演过，让大脑产生似曾相识的感觉。

> 很多时候，决策中依赖的直觉，就是在大量积累和阅读后某个信号灯亮起的感觉。

正确的决策不是偶然的灵光一现，而是千万次思考和实践的积累。

去读截然相反的两个观点

读书不仅要重视数量和落地，而且一定要在不同领域读持相反观点的书。

"盲人摸象"这个现象也经常发生在图书行业，每个作者都是对的，因为他们看到的都是局部。从局部角度来看，他们的观点都正确，但这种局部正确会让偏听偏信的人陷入盲目。

避免盲目，只有一个办法：刻意地在大脑中进行辩论，左右手互搏，正反两方的观点都要听，每个局部都要关注，这样才能形成一个总体正确的自我观点。

独立的思考能力，恰好来源于此。

利己主义才是读书最好的状态

有些人会错误地建立因果关系，比如将学习的痛苦错误地关联为"痛苦就是在进步"，这是典型的逻辑错误。这导致一些缺乏逻辑的成年人喜欢强迫自己读很多无意义的书，或者别人觉得好的书。这样的读书方式是有问题的。一定要读对自己有用的书，不要盲目跟风，否则就是浪费时间。

还有人觉得读书很枯燥，刚翻开两页就读不下去。但阅读了大量的书后，我发现真正的好书从来不会让人觉得枯燥。

我喜欢读书，一是求知欲实在太旺盛，二是读书确实很有趣。没有迫切需要解决的问题时，读书可以是一种放松和消遣；有迫切需要解决的问题时，带着目的去读书，往往更能感受到它的魅力和好处。

读书能解决我们遇到的部分问题，也就能消除部分困扰，所以会让人感到快乐。

如果你认为一本书枯燥或看不懂，非得头悬梁锥刺股、硬着头皮才能读下去，那就说明这本书不适合你当下的知识储备，你大概率也用不上。这样的书就不必勉强。

只看当下既对你的知识储备有益，又能帮你落地应用、帮你挣钱的书。只有这样，你才能产生阅读的兴趣。

只要找到合适的书，找到阅读带来的正向循环感受，当你的杠杆越来越高时，获得的就不仅是知识，还有赚钱的能力。通过阅读，你可以赚到10万元、100万元，甚至1000万元。

读书可以向世界上最优秀的人拜师

人类获取知识的途径有很多种，阅读无疑是非常便捷的路径之一，而且阅读几乎不受时间和空间的限制，随时随地皆可进行。书本里的知识五花八门，在我看来，读书能解决很多关于赚钱的问题，而这些问题在现实生活中往往难以找到答案。

很多人都没有体会过读书带来的好处，也没有靠读书解决过现实生活中的问题，更没有建立起读书和赚钱之间的关联。他们一辈子都在靠出卖体力获得金钱，没有靠自己的知识体系完整地挣过钱，自然也就不相信读书的好处。如果你告诉他们读一本书就能赚到100万元，他们自然会有动力去读。

赚钱只是读书带来的诸多好处之一，我们可以通过阅读，向世界上顶尖的人士学习。

你可以想象一下，如果阿基米德来当你的数学老师，费曼来当你的物理老师，这是什么概念？在现实生活中，你能找到几个比他们更优秀的老师呢？

读书本质上也是知识付费，在出版物里能找到最优秀的老师。

读书是一件效率特别高、收益特别大、成本特别低、杠杆特别有力的事情，因此，要多读书，读好书。

不能帮你解决问题的书就是垃圾

也许有人不认同读书的目的是赚钱，但我依然觉得，读书时要做一个利己主义者。

我们应该用实用主义的态度，多读对自己有价值的书。

如何赚钱是一门实践性学科，不同于数学和物理这些可以证伪的学科，我们在实践中会得到很多种截然相反的结论。

有人告诉你，公司要做大；有人告诉你，公司要做小。

有人告诉你，销售是最重要的盈利能力；有人告诉你，销售和营销从来不影响一家公司的成败。

这些结论可能都是对的，也可能都是错的。

除了自己，谁都不要轻信，要用实践去检验。

盲目看书但从不实践的人，是纸上谈兵；实践之后，你就会发现有用的知识才是好知识。

读书之前，要问问自己，我们遇到的问题是否在人类历史上第一次出现，如果不是的话，那么一定有人曾经解决得很好，并且已经把答案写在了书里。

知识就像肌肉，越使用越发达

知识就像肌肉，你越使用它，它越发达。如果把它束之高阁，不管你再怎么精心保养，它也会逐渐萎缩。

倡导"读书无用"的人倒也不可怕，可怕的是，"叶公好龙"式读书的人，一辈子读书，却一辈子都不把书本的知识落地和运用。

在我看来，读书自始至终都是工具，前提是你要设定一个清晰的目标，明确要解决什么问题，提升什么能力。

抖音红人姜胡说举过一个让我印象深刻的例子。他学历不高，原本不懂计算机，后来他一直在北大蹭课，还自学了计算机编程，通过从事互联网相关的工作挣到了人生的第一桶金。他用他学的计算机和编程能力写软件、程序，用所学的知识挣到了钱。

然而，生活中的大部分人其实都没用过自己的知识。所以，我们一定要从"用"开始。比如说你是职场人士、创业者，你可以围绕某一个目的去读书、学习，去获取知识，然后通过这个知识结构去获取财富。你只要建立这个正循环，曾经解决过一次问题，你就会发现这种方法特别好用，以后你就再也不会向外求，而是向内求。

你可以通过买课、读书学习，等到实践之后，你就再也不会觉得读书没有价值了。

榜样的巨大威力

如果说书本是枯燥的，那么请你睁开眼睛看看，优秀的榜样绝对是我们人生的宝藏。

我是一个喜欢跟人学习的人。看到别人身上的好品质、好习惯，我就想把它们变成自己的。只要觉得对我有用，我都会用心记住，然后去实践。

俗话说，"好人也有三分恶，恶人也有三分善"。跟人学习时，我们要学会辩证地看待他人的言行。在我眼里，每个人都没有标签和符号。我不会把任何一个人当成神话，不会认为厉害的人讲的所有话都对，也不会"黑化"一个人，否定他的一切。

我的前老板、蓝象资本创始合伙人柏宇，是一个典型的"老师型"老板，很中正的学院派，知识丰富，思维严谨，战略能力很强。他给我的世界观打下了很好的基础，提供了正确的框架。

柏宇参加过数学和物理竞赛，取得好成绩后被保送到北大化学系。参加工作后，他在好未来和新东方这两家上市公司各工作了12年。他前期的从业经历、财富积累，都与教育行业有关，可以说是教育行业的受益者。后来，他又在教育行业的两家最大的上市公司担任高管。他从英语老师起家，到企业高管，然后开始做投资。

我跟他共事了5年，一直配合得很好。每做一件事情，他都会从战略、重要性、底层逻辑上反复给我解释"为什么要做这件事"，我来负责落地执行。但是，我问他具体怎么做，他会说"你自己想"。有时候，我会觉得他很啰唆，一句话要说五六遍。但仔细想想，他其实特别能激发我的创业能力。跟他相处久了，我的战略能力也变得比较强。

他对我的影响是方方面面的。我的商业逻辑，对行业的理解，对人的判断，从他身上受益颇多。从与柏宇相处的这段经历中，我意识到了榜样的重要性。

三观不正的假"大佬"最害人

有些人三观不正，总喜欢讲阴谋论、厚黑学的观点，比如有人会说"人不坏就挣不到钱""想快速挣到第一桶金，必须道德败坏"等。

更可怕的是，这些话是从一些所谓"成功人士"嘴里说出来的。他们站在成功人士和过来人的角度循循善诱，年轻人很容易被豪车、名表包装出来的"成功学"迷惑，走上错误的人生道路。

我想告诉你的是，如果你第一个跟随的对象是这样的人，那你的人生观会崩塌，你这辈子就毁了。因为，三观不正的人走不远。

一个人三观正了，他做的事才是正向的。如果你跟随的人在道德上有瑕疵，就算给他再高的技能，给他再多的资源，他也成不了事，甚至早晚会出事。我们一定要远离这样的人，更不要跟他学习，否则必将深受其害。

跟三观正的人学习，也许你会走得慢一点，也许只能挣慢钱，但是你的人生不会走偏。

其实，真正的"大佬"都很谦虚，因为他们见过比自己更厉害的"大佬"。

真正有实力的人，都有超乎寻常的思考能力，他们知道人外有人，天外有天。

以上，我用我做投资见过的无数真"大佬"向你保证。

自我越小，成长越快

心态开放与否，是我们选择榜样时要考量的重要因素。

有的人，你跟他对话时，感觉他挺谦虚、挺平和的，你发表不同的见解，他不会烦躁，也不会反驳。

从表面上看，他的心态是开放的，实际上他并不去学习，并不去了解。拿不到结果的时候，又会给自己找一大堆借口。他的心态是"伪开放"的，他是怨天尤人却不付诸行动的人。

我见过很多有一技之长的人，他们自满、自负、爱钻牛角尖，而且听不进任何负面的声音。这样的人，最好不要走得太近，相处太久。

心态开放的人，能接受不同的意见，即便是跟他不一样甚至截然相反的观点，他也愿意去思考和了解。

我们既要跟心态开放的人学习，也要让自己保持开放的心态。在不断学习和成长的过程中，保持开放的心态，可以接触更多的人，接收更多的信息，这是一个人非常重要的品质。

这个世界没有怀才不遇

这个社会，从来没有真正的怀才不遇。

这个时代有太多的机会，在任何一个领域，优秀的人都有获得成功的可能。要学会用结果去检验一个人，看他是不是真正值得成为你学习的榜样，真"大佬"永远不会只耍嘴皮子功夫。

真正厉害的人，不会给自己找那么多理由和借口，只是专注于做事，专注于拿结果。他们拿到的结果，可以证明他们拥有持续取得成果的能力。

向一个厉害的榜样学习，想成为他们，就不能仅仅停留在向往的阶段。你可以模仿他们，可以着手落地，也可以像这些人一样生活。你只要建立学习的框架，从模仿开始就好！

真正的榜样，是能力高、能量也高的人。与其向往他们，不如成为他们。

错误不复盘，就等于白错

成年人最好的老师，叫作"南墙"。

架不住有些人总是重复踩坑。一次犯错是人之常情，次次犯错则不值得同情。如果离这样的人太近，容易在他掉坑时被顺手拽下去。比如，有些女生谈恋爱时，总会栽在同一类渣男手里。之所以吃了亏还不长记性，是因为她们没有复盘的能力。

当你发现自己犯错了，不要找借口，要先接受错误，再去复盘。你会发现，每个错误都有其原因。不承认自己犯错，人是不会长教训的。

投资人的厉害之处，在于了解挣钱的逻辑

就算是清华大学，也不会有一堂关于如何赚钱的课。

高等教育所学的知识，往往只提供了一种单一的思维模型。大部分时候，对于创业，对于投资，对于进入社会，这反而是一件坏事。因为赚钱需要多元思维模型。人在一个垂直行业待久了，就会变成查理·芒格所说的"铁锤人"，自己举着锤子，看全世界都是钉子，因为只有一把锤子，看待世界的角度就变得偏执得可笑。

毕业后，从事投资人这份工作让我受益终身的一点是，每个人都会告诉我他们赚钱的秘密。

　　无论一家公司的营收是1个亿还是1000万元，他们都会告诉我，他们是怎么挣钱的，挣钱的逻辑是什么，他们当初是怎么发现这个机会的，事无巨细。

　　在投资人面前，大部分人还是真诚的，他们知道我们会去做背景调查，所以不敢撒谎。从这个角度说，投资人其实站在一个特别有利的位置上。他们给我们提供了大量真实的赚钱样本，这让我从中获益良多，快速地学习成长。

大脑需要弹性，心智需要带宽

你应该有过这样的感受：当你要做某件感觉无法完成的事情时，一旦超过了你认为的能力上限，你的大脑就会"死机"，开始选择拖延，产生心理焦虑。这就说明，你的心智带宽不够用了。

一个总是处于"心智带宽不够用"状态的人，是很难拥有智慧的。

要想提升心智带宽，有两点需要注意：

第一，可做可不做的事情，不做；
第二，当下真正最重要的事情永远只有一件。

把自己弄得很忙碌的时候，恰恰说明你没有思考哪些事情最重要，没有做好优先级的排序。你过得忙忙碌碌，带宽看似被拉得特别满，实际上每个问题都解决得不够好。

时间是非常宝贵的资源。想持续学习的人，一定不要让自己忙忙碌碌的，有一点时间就读一点自己认为有价值的书。读书短期内不一定能让你马上变成一个有钱人，但时间长了，你遇到机会时会更容易把握住。

从持续学习的角度讲，应该持续给自己留出充分的时间思考。思考的深度要够，对同一个问题想得要足够深，这是我们大脑变得越来越聪明的关键。我建议大家尽量预留充分的时间学习，只有这样，你的大脑才能够真正进入深度思考。否则，你始终在一个非常浅的逻辑里面思考，没有足够的时间进入心流和达到足够的思考深度。

> 创业者千万别把自己逼得太紧，要给自己"留白"，要给自己的心智留下更多带宽空间。

当一个人同时想很多件事情的时候，大脑这台"机器"是会崩溃的。

不要害怕错过，只有泡沫是转瞬即逝的

我从创业第一天起，总感觉身边有太多着急的人。

急着抓住红利；

急着流量变现；

急着落袋为安。

他们总是行色匆匆，没有在任何一个地方扎根。

机会总是让人焦虑，因为我们总是担心落后于人，总是担心被时代浪潮所抛弃，总是担心红利轮不到自己。但是，做投资的经历让我明白，害怕错过机会的心态，会让人变成赌徒。

赌徒，是不可能把筹码带离牌桌的。

我是2022年初才开始创业的，在抖音上做直播。很多人在2023年对我说："你去年就干了，还挺好的。"其实我想说："你今年也有机会。不然等到明年的时候你会说'为什么我去年没干'。"

你要相信一个浪潮、趋势是足够持久的，泡沫反而很不持久。一个新概念出来的时候往往是被高估的。没有生命力的，一阵风过来就被吹跑了。前几年的时候，大家都在讲"元宇宙"，那股热潮那么强，现在已经很冷淡了。

这个世界上有很多人会率先发现机会，但我们没必要过分要求自己必须先知先觉，我们能做到"早知早觉"就不错了。就像我，我在抖音上做直播比很多朋友都晚，但也不妨碍我创业挣钱。

上山下山，都是人生

我特别喜欢一句话：人生就像登山，老天爷想让你登上更高的山峰，就会让你从原有的山头下来。从山上下来的时候，你会遇到那些正在上山的人；上另一座山的时候，你也会遇到下山的人。

每一座山的风景都不同，享受攀登的过程，才是人生的意义。

我经历过职场、投资、创业，每一条路都有那种让我千刀万剐的时刻。一路走来，大家对我从质疑到怀疑再到肯定，援助之手真的少得可怜。我坐在"油锅"里苦苦煎熬着，煎熬成了这本书里的所有文字，我希望能帮助到曾经像我一样的人，尽早觉醒。

我亲爱的朋友，如果你正处在巨大的痛苦和迷茫中，请不要焦虑，我想告诉你，事情没有你想的那么坏，也许好事即将发生。你目前的低谷，是老天爷希望你去看看别的风景，他在告诉你，另一条路也很美。

如果你现在正春风得意，那么请对下山的人好一点，在攀登另一座山的时候，你可能还会遇到他。